教材+教案+授课资源+考试系统+题库+教学辅助案例

一站式IT系列就业应用课程

智能手机APP UI 设计与应用任务教程

黑马程序员 编著

中国铁道出版社有限公司

CHINA RAILWAY PUBLISHING HOUSE CO., LTD.

内 容 简 介

本书针对有一定 Photoshop 设计软件操作基础的人群，以既定的编写体例梳理知识结构，通过实际的任务案例让读者掌握 UI 设计的基本技巧。在内容编排上，本书以手机 APP 开发模块为主线，结合任务的描述和分析让读者更好地体验设计思路、技巧和理念；在内容选择、结构安排上，更加符合从业人员职业技能水平要求，从而达到老师易教、学生易学的目的。

全书共分 8 章，以 Photoshop CC 作为基础操作软件，提供了 16 个精选任务和 1 个综合项目。其中，第 1 章介绍了 APP 界面设计的基础知识，包括 UI 设计概述、APP 设计流程和要素、移动设备尺寸、UI 设计风格、智能手机操作系统等内容；第 2～7 章通过精彩的任务，讲述了 APP 中各个模块的设计规范和技巧，包括"图标设计""滑块设计""按钮设计""表单控件设计""导航设计""图片效果设计"等；第 8 章通过优选网 APP 项目设计案例，让读者对设计流程有一个完整的了解。此外，每章后均配备相应的基础练习，以帮助读者全面、快速吸收所学知识。

本书适合作为高等院校相关专业的 UI 设计课程的教材，也可作为 UI 设计爱好者，特别是手机 APP 设计人员的参考书，是适合业内人士阅读与参考的优秀读物。

图书在版编目（CIP）数据

智能手机 APP UI 设计与应用任务教程 / 黑马程序员编著 . —北京：中国铁道出版社，2017.8（2024.12 重印）
国家信息技术紧缺人才培养工程指定教材
ISBN 978-7-113-23101-9

Ⅰ. ①智… Ⅱ. ①黑… Ⅲ. ①移动电话机 - 应用程序 - 程序设计 - 高等学校 - 教材 Ⅳ. ① TN929.53

中国版本图书馆 CIP 数据核字（2017）第 155468 号

书　　名：**智能手机 APP UI 设计与应用任务教程**
作　　者：黑马程序员

策　　划：秦绪好　翟玉峰　　　　　　　　　　　编辑部电话：（010）51873135
责任编辑：翟玉峰　彭立辉
封面设计：徐文海
封面制作：刘　颖
责任校对：张玉华
责任印制：赵星辰

出版发行：中国铁道出版社有限公司（100054，北京市西城区右安门西街 8 号）
网　　址：https://www.tdpress.com/51eds
印　　刷：三河市兴博印务有限公司
版　　次：2017 年 8 月第 1 版　　2024 年 12 月第 10 次印刷
开　　本：787 mm×1 092 mm 1/16　印张：12.25　字数：290 千
印　　数：45 001～47 000 册
书　　号：ISBN 978-7-113-23101-9
定　　价：42.00 元

前　言

随着移动互联网行业的迅猛发展，越来越多形式新颖、功能强大的APP出现在人们生活中。面对竞争日趋激烈的APP市场，UI设计成为提升用户对产品直观体验的决定因素，它的美观度、规范化、交互性直接决定了人们对该软件的第一印象。众多公司对用户界面设计的需求让UI设计成为一个热门岗位。

为什么要学习本书

尽管UI行业发展迅速，UI设计师需求量激增，但在国内真正高水平的、能充分满足市场需要的UI设计师却为数甚少。由于缺乏对UI设计规范的深入了解和专业技能训练，缺乏开发经验，一些UI设计师很难适应企业对UI人才的需求。因此，UI设计行业虽然市场前景看似一片光明，但是若不解决人才问题，未来将岌岌可危。因此，我们认为有必要推出一本以任务实践为主线的UI设计教材，为UI设计师提供一个良好的学习与交流的资源，帮助初学者快速入门。

如何使用本书

本书针对的是已掌握Photoshop软件操作工具的人群，以既定的编写体例（案例式）巩固对理论知识点的学习。通过案例式的教学模式寓教于乐，让学生轻松掌握案例中的知识点（任务描述→思路剖析→任务实现）。在内容编排上，本书以手机APP开发模块为主线，结合案例的描述和分析，让读者更好地体验到设计思路、技巧和理念；在内容选择、结构安排上，更加符合从业人员职业技能水平的提高，从而达到老师易教、学生易学的目的。

全书共分8章，以Photoshop CC作为基础操作软件，提供了16个精选案例和1个综合项目。每个精选案例均配备相应的基础练习，以帮助读者全面、快速吸收知识。各章节讲解内容介绍如下：

（1）第1章介绍APP界面设计的基础知识，包括UI设计概述、APP设计流程和要素、移动设备尺寸、UI设计风格、手机操作系统等内容。

（2）第2章介绍图标设计技巧，包括扁平图标、微扁平图标和拟物图标的设计。

（3）第3章介绍滑块设计技巧，主要包括滑块构成要素、滑块类型和设计要点。

（4）第4章介绍按钮设计技巧，包括色块按钮、渐变质感按钮及水晶按钮等设计。

（5）第5章介绍表单控件设计技巧，包括单选按钮和复选框设计、下拉列表框设计、按钮设计。

（6）第6章介绍表单APP导航绘制技巧，包括导航分类介绍，以及标签式导航设计和宫格式导航设计。

（7）第7章介绍图片设计技巧，包括常用的镜面效果、倒影效果、毛玻璃效果等。

（8）第8章介绍优选网APP项目设计，包括产品定位、草图绘制、页面定位和剖析。

本书以案例驱动为导向引出所学知识，涉及图标、滑块、按钮、导航、布局等UI设计相关技巧，案例丰富。读者需要多上机实践，以便熟练掌握UI设计技巧。同时，本书的第2～7章的每个章节中均包含2～3个任务，教师在使用本书时，可以结合教学设计，采用任务式的教学模式，通过不同类型的任务案例，提升学生对知识点的掌握与理解。

配套服务

为了提升您的学习或教学体验，我们精心为本书配备了丰富的数字化资源和服务，包括在线答疑、教学大纲、教学设计、教学PPT、教学视频、测试题、素材等。通过这些配套资源和服务，我们希望让您的学习或教学变得更加高效。请扫描右边二维码获取本书配套资源和服务。

致谢

本书的编写和整理工作由传智播客教育科技股份有限公司完成，全体编写人员在近一年的编写过程中付出了很多辛勤的汗水，在此一并表示衷心的感谢。

意见反馈

尽管我们尽了最大的努力，但教材中仍难免会有疏漏与不妥之处，欢迎各界专家和读者朋友来信来函提出宝贵意见，我们将不胜感激。在阅读本书时，如发现任何问题或有不认同之处，可以通过电子邮件与我们取得联系。

请发送电子邮件至：itcast_book@vip.sina.com

黑马程序员

2024年11月

目　录

目　录

目 录

第 1 章

APP界面设计基础

学习目标	☑了解APP设计基础知识，能够掌握APP设计的基本概念。 ☑熟悉移动设备的尺寸，能够根据尺寸规范进行界面设计。 ☑掌握APP设计要素，能够把控界面风格，进行整体布局。 ☑熟悉UI设计风格，能够根据不同风格的设计特点，进行界面设计。

  在互联网迅猛发展的时代，高智能、高配置的移动设置为APP客户端的发展提供了巨大的助力，各大互联网公司和电商平台将通过下载APP的数量预测营利情况，确定未来的发展方向。在APP开发过程中，UI设计是整个APP程序设计中的重要环节，一个友好美观的界面会给人带来舒适的视觉享受，拉近人与终端设备的距离。本章将带领读者了解UI（User Interface，用户界面）设计，掌握APP设计流程和移动设备尺寸标准等基础知识，为后面的学习奠定一定的基础。

1.1 UI设计概述

在学习APP界面设计之前，首先需要了解一些与UI相关的概念，以便于读者快速定位APP界面设计的所属范畴，对所学知识做到整体把控。本节将针对UI设计的概念、UI发展史、UI设计分类等基础知识进行详细讲解。

1.1.1 UI设计的概念

从传统意义上来说，UI（User Interface，用户界面）设计是指用户界面的美化设计，但事实上UI设计不仅是指"用户与界面"的从属关系，还包括"用户与界面"的交互关系。因此，UI设计是指对软件的人机交互、操作逻辑、界面美观的整体设计。

通常人们接触到的UI界面设计种类很多，例如，播放界面、登录界面、产品展示界面等，如图1-1~图1-4所示。

图1-1　播放界面

图1-2　登录界面

图1-3　产品展示界面1

图1-4　产品展示界面2

1.1.2　UI发展史

UI这个名词在近几年异常火爆,其实UI设计在设计行业一直存在,从最初人们用到的电子产品、软件再到网站的建设,这些都是UI范畴。下面以微软Windows界面系统的发展为主线,追溯UI的发展历程。

① 1985年,微软发布了Windows 1.0操作系统。系统界面如图1-5所示。

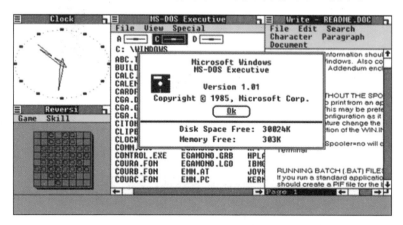

图1-5　Windows 1.0系统界面

② 1987年,微软发布了Windows 2.0,为人类带来了第一版Microsoft Word和Excel软件。系统界面如图1-6所示。

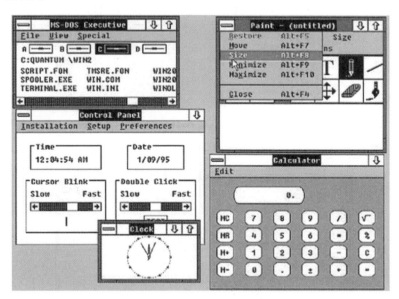

图1-6　Windows 2.0系统界面

③ 1991年,微软发布的Windows 3.1让Windows成为IBM-PC的标配系统。系统界面如图1-7所示。

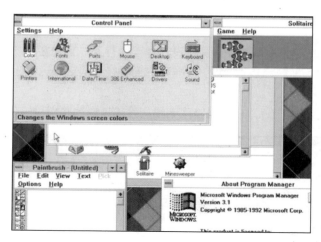

图1-7　Windows 3.1系统界面

④ 1995年，微软发布的Windows 95成为PC历史上的一个里程碑。系统界面如图1-8所示。

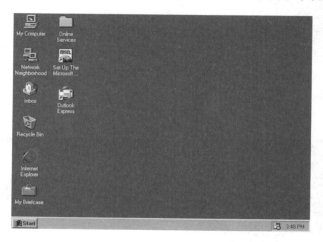

图1-8　Windows 95系统界面

⑤ 1998年，微软发布Windows 98，但是界面上并没有太多改观。系统界面如图1-9所示。

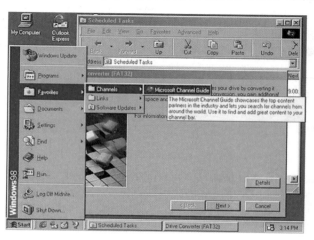

图1-9　Windows 98系统界面

⑥ 2000年，微软发布的Windows Me，基本上也是Windows 98的加强版。系统界面如图1-10所示。

图1-10 Windows Me系统界面

⑦ 2001年，微软发布了Windows XP，大幅改进了界面设计。系统界面如图1-11所示。

图1-11 Windows XP 系统界面

⑧ 2006年，微软发布了Windows Vista。系统界面如图1-12所示。

图1-12 Windows Vista 系统界面

⑨ 2007年，微软发布了Windows 7，是继Windows XP之后使用最多的操作系统，从系统平台到界面设计都非常到位。系统界面如图1-13所示。

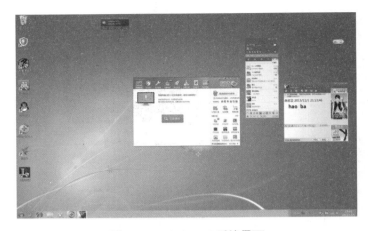

图1-13　Windows 7 系统界面

⑩ 2012年，微软发布了Windows 8。系统界面如图1-14所示。

图1-14　Windows 8 系统界面

⑪ 2014年，微软发布了Windows 10。系统界面如图1-15所示。

图1-15　Windows 10 系统界面

1.1.3　UI设计分类

UI设计根据所应用的终端设备可大致分为3类：PC端UI设计、移动端UI设计、其他终端UI设计。下面针对这3种分类进行详细讲解。

1．PC端UI设计

PC（Personal Computer，个人计算机）端UI设计主要指用户计算机界面设计，其中包括系统界面设计、软件界面设计、网站界面设计，如图1-16～图1-18所示。

图1-16　系统界面

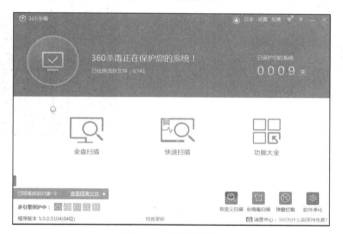

图1-17　软件界面

图1-18　网站界面

2. 移动端UI设计

移动端一般指移动互联网终端，也就是通过无线技术上网接入互联网的终端设备，其主要功能就是移动上网。在移动互联网时代，终端多样化成为移动互联网发展的一个重要趋势，除了手机之外还包含Pad、智能手表、PDA、MP4等。因此，移动端UI设计的界面也多种多样，如图1-19~图1-22所示。

图1-19　手机界面1

图1-20　手机界面2

图1-21　Pad界面

图1-22　智能手表界面

3. 其他终端UI设计

除了前面所描述的终端设备需要用到UI界面设计外，当今市场中还包含许多其他终端设备，同样需要用到UI界面设计。例如，车载系统、ATM机、打印机等，如图1-23~图1-25所示。

图1-23　车载系统界面

图1-24　ATM机界面

图1-25 打印机界面

1.1.4 UI设计师标准

一个优秀的UI设计师，从技能上讲，不仅可以绘制图标，还可以设计界面，掌握多种多样的交互知识。好的UI设计不仅让软件变得有个性、有品味，还能够让软件的操作变得舒适、简单、自由，充分体现软件的定位和特点。通常UI设计师需要掌握的设计技能主要包括以下三方面：

1. 视觉设计

视觉设计是针对眼睛功能的主观形式的表现手段和结果。在UI设计中，视觉设计不仅仅是做图标、做界面或者界面元素，还应掌握平面构成、色彩构成、版式设计、心理学、美术绘画、设计创意等。

2. 交互设计

交互设计是一种目标导向设计，所有的工作内容都是围绕着用户行为去设计的。交互设计师通过设计用户的行为，让用户更方便、更有效率地去完成产品业务目标。做好交互设计，首先要具备良好的逻辑能力，掌握交互设计原则、不同平台的规范，还应具备产品视觉感和沟通能力。

3. 体验设计

体验设计是将消费者的参与融入设计中，力图使消费者感受到美好的体验过程，是基于人机交互、图形化设计、界面设计和其他相关理论进行的设计。完美的体验设计需要设计师掌握可用性原则，具备信息挖掘、数据分析和沟通能力。

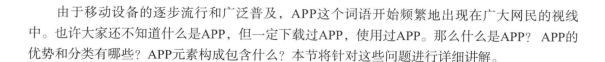

1.2 认识APP设计

由于移动设备的逐步流行和广泛普及，APP这个词语开始频繁地出现在广大网民的视线中。也许大家还不知道什么是APP，但一定下载过APP，使用过APP。那么什么是APP？APP的优势和分类有哪些？APP元素构成包含什么？本节将针对这些问题进行详细讲解。

1.2.1 APP设计的概念

APP即Application（应用程序）的缩写，指运行在智能手机、平板计算机等移动终端设备上的第三方应用程序。随着智能手机和Pad等移动终端设备的普及，人们逐渐习惯了使用应用客户端上网的方式，而目前国内各大电商，均拥有了自己的应用客户端，这标志着应用客户端的商业使用已经开始初露锋芒。不仅如此，随着移动互联网的兴起，越来越多的互联网企业、电商平台将应用客户端作为销售的主战场之一。

本书主要针对手机APP设计进行讲解，根据手机操作系统的不同进行划分，APP设计大致可分为iOS APP设计和Android APP设计两类。图1-26和图1-27所示为iOS和Android客户端在市场上的APP图标展示。

图1-26　iOS客户端图标展示　　　　　　图1-27　Android客户端图标展示

1.2.2 APP的优势

智能手机的出现，不仅带动了时代的跨越，也带动着其他行业的发展。其中，APP应用软件以其特有的优势迅速发展，并在短时间内被人们所接受。其优势主要体现在以下几方面：

1. 丰富的第三方应用程序

APP应用软件能在短时间内迅猛发展，主要归功于它满足了当今社会发展和人们生活的需求，商店、游戏、翻译程序、图库等生活所涉及的方方面面，都可以以客户端程序的形式呈现在用户面前。

2. 便捷性优势

APP应用软件带给人的是方便与实用。以前人们浏览网页、上网购物、查询资料只能通过浏览器来实现，但在当今快节奏的社会中，这种烦琐的浏览查询方式已远远落后，移动APP应用软件很自然地担当了替代的角色。

3. 已融入人们生活

APP软件已延伸到了人们生活和工作的各个领域。手机在当今时代已经是不可缺少的生活工具，例如，在公交上、地铁上处处可见使用手机的用户。APP方便手机用户随时随地查询和浏览，有效占领了用户的"空闲时间"。

1.2.3 APP设计分类

在当下移动互联网时代，更多的企业和开发者为开发APP投入了大量的人力和财力，使得APP产品层出不穷，并占据了各大应用市场。目前，市场上的APP大致可分为以下几类，如表1-1所示。

表1-1　APP设计分类

分　　类	应　　用
购物类	天猫、淘宝、聚美、糯米网、美丽说、京东、苏宁易购
社交类	QQ、微信、微博、陌陌、YY、来往、飞信、百合婚恋、世纪佳缘
出行类	途牛旅游、携程旅行、滴滴打车、优步、途家网、驴妈妈
生活类	墨迹天气、安居客、天气通、赶集生活、58同城、美食杰
女性类	大姨吗、我是大美人、小肚皮、喂奶计划、美柚孕期
拍照类	快手、美拍、美图秀秀、美颜照相机、百度魔图、美人照相机
影音类	酷狗、爱奇艺、暴风影音、天天动听、腾讯视频、央视影音
资讯类	腾讯新闻、今日头条、网易新闻、新浪新闻、新华社、中关村在线
理财类	随手记、掌上基金、存储罐、大智慧、同花顺、百度钱包、支付宝
浏览器类	手机百度、QQ浏览器、UC浏览器、火狐浏览器、360浏览器

1.2.4　APP构成元素

　　想要制作出一套完整的APP，首先要了解APP的构成元素。通常情况下APP的构成元素包含启动图标、加载页、引导页、首页及内容页，下面将针对这些构成元素进行详细讲解。

　　1. 启动图标

　　启动图标是APP的重要组成部分和主要入口，是一种出现在移动设备屏幕上的图像符号。人们通过对字母和图像的认知，获得符号所隐含的意义。启动图标一般由圆角矩形或者矩形底板和LOGO或文字构成，更多的是由图标加文字组成，如图1-28所示。

图1-28　启动图标

　　2. 加载页

　　点击APP图标后，打开的第一个应用界面就是加载页。加载页是由一张渐变或者单色的背景、LOGO（或APP名称）、广告语，以及版权信息等几部分组成的，据不完全统计，加载页加载时间通常为2 000~3 000 ms。大部分商家会将这个加载页做成广告页。图1-29所示为一些加载页效果展示。

图1-29　加载页

3. 引导页

当加载页加载完成后，通常会看到几张连续展示、设计精美、风格统一的页面，这就是引导页。在未使用产品之前，通过引导页可提前获知产品的主要功能和特点，并给用户留下深刻的第一印象。根据引导页的目的、出发点不同，可以将其分为功能介绍类、使用说明类、推广类、问题解决类。一般引导页不会超过5页。图1-30~图1-33所示为不同类别引导页的设计效果。

图1-30 功能介绍类

图1-31 使用说明类

图1-32　推广类

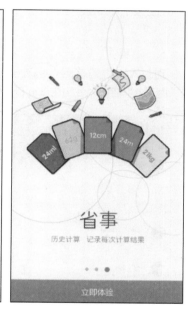

图1-33　问题解决类

4．首页

首页通常是打开应用后，映入用户眼帘的第一个页面，因此可以说首页是整个APP中最重要的页面。首页通常是由状态栏、导航栏、内容区、标签栏构成。具体分析如下：

① 状态栏：通常为系统默认信息，包括电池电量提示、信号状态等。

② 导航栏：通常包含分类、搜索框、扫一扫、消息中心等。

③ 内容区：根据APP的功能不同，内容区域差异也较大。例如，电商APP首页主要包含Banner轮播图（6个左右）、快速通道（圆形背景图标）、商品促销和展示（如秒杀）等。

④ 标签栏：该区为APP主要功能分类，通常是以图标加文字形式展现；例如，电商类APP，其标签栏主要包括：首页、发现、分类、附近、购物车等几个标签。

图1-34所示为APP首页效果。

图1-34　APP首页效果

5．内容页

通过APP中的首页点击进去的页面均称为内容页，通常包含列表页、详情页、个人中心页等。图1-35~图1-37为内容页设计效果。

图1-35　列表页　　　　　图1-36　详情页　　　　　图1-37　个人中心页

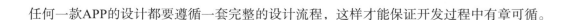

1.3 APP设计流程

任何一款APP的设计都要遵循一套完整的设计流程，这样才能保证开发过程中有章可循。

APP设计的主要流程包括产品定位、交互设计、视觉设计、用户体验、项目开发、测试和运营。下面针对这一流程进行具体分析。

1. 产品定位

首先，要明确APP设计的构想和理念，以及受用人群是哪一类，例如，是写给小孩玩的游戏，还是用来理财的记账类应用。每个APP应用都有固定的适用人群，而这决定了APP的内容是什么，也决定了要给使用者以什么样的用户体验。

其次，一个APP必须有明确的使用目的。设计者要了解用户的需求什么，如何才能满足用户的需求，同时吸引更多的用户来使用APP。

产品定位后的产出物应为低保真原型图和原型说明文档。低保真原型图指粗略的线框图，主要用来简单说明产品功能。图1-38所示为某APP开发中的低保真原型图。

图1-38 低保真原型图

2. 交互设计

交互设计主要是针对低保真原型图对产品细节做进一步优化，更多考虑的是用户流程、信息架构、交互细节和页面元素等。最终的产出物为高保真原型图，高保真是最接近最终产品的线路图，用于表达产品的流程、逻辑、布局、视觉效果和操作状态等。

3. 视觉设计

视觉设计主要是根据高保真原型设计产品界面，这就要求视觉设计师对原型设计有深刻的了解，能够整体把控页面的逻辑，用视觉手法完成产品设计。最终的产出物为各种图片、界面切图和界面标注。

4. 用户体验

用户体验需坚持以用户为中心的原则，保持功能与审美的平衡。其实，这一过程贯穿于整个设计当中，通常由团队的产品经理、交互设计师和视觉设计师来共同完成。

5. 项目开发

程序员根据设计团队提供的标注切图、搭建界面，根据产品提供的功能说明文档去开发功能，最终产出物是可使用的应用。

6. 测试

应用开发完成后，还需要进行后续的测试工作，主要测试应用上有没有功能问题，将测试结果反馈给开发人员和设计人员进行修改。

7. 运营

运营人员最终把打包好的应用发布到苹果商店和各大安卓市场，并通过各种手段提升应用人气。同时，还需要把运营过程中发现的问题反馈给产品人员，由产品人员发起产品的迭代。

1.4 移动设备尺寸

为了避免APP设计中出现不必要的麻烦（如设计尺寸错误）导致显示不正常的情况发生，与设备相关的尺寸概念必须要提前了解清楚。本节将针对移动设备中常用的尺寸进行详细讲解。

1.4.1 英寸

英寸是一种长度单位。显示设备通常用英寸来表示大小，如14英寸笔记本式计算机、50英寸液晶彩电，指的是屏幕对角线的长度。图1-39所示为14英寸计算机屏幕，手机屏幕也采用了这个计量单位。

图1-39　计算机屏幕尺寸

1.4.2 像素

像素是用来计算数码影像的一种单位，如同摄影的相片一样，数码影像也具有连续性的浓淡阶调，若把影像放大数倍，会发现这些连续色调其实是由许多色彩相近的小方点所组成，这些小方点就是构成影像的最小单位，即像素，如图1-40所示。

（a）原图　　　　　　　　　（b）局部放大

图1-40　原图与放大图对比

1.4.3 分辨率

分辨率是屏幕物理像素的总和，是指显示器所能显示像素的多少。在屏幕尺寸一样的情况下，可显示的像素越多画面就越精细。一般用屏宽像素数乘以屏高像素数来表示，例如，iPhone 7的屏幕分辨率为750×1 334像素，就是说iPhone 7的屏幕是由750列和1 334行的像素点排列组成的。

1.4.4 网点密度

网点密度（DPI）通常用来描述印刷品的打印精度，表示每英寸所能打印的点数。例如，设置打印分辨率为96 DPI，那么打印机在打印过程中，每英寸的长度上将打印96个点。DPI越高，打印机的精度就越高。当DPI的概念用在手机屏幕上时，表示手机屏幕上每英寸可以显示的像素点的数量。

1.4.5　像素密度

像素密度（PPI）常用于屏幕显示的描述，表示每英寸像素点的数量。例如，在Photoshop中新建文档时，设置某图的分辨率为72 PPI，当图片对应到现实尺度中时，屏幕将以每英寸72像素的方式来显示。显示屏幕的PPI数值越高，画面看起来就越细腻。

1.4.6　常见手机屏幕规格

当前市面上手机型号种类繁多，常见的具有代表性的手机屏幕规格如表1-2所示。

表1-2　常见手机屏幕规格

型　　号	分辨率/像素	屏幕尺寸/英寸	PPI	手机系统
iPhone5/5S/5C	640×1 136	4.0	326	iOS
iPhone6/6S	750×1 334	4.7	326	iOS
iPhone 6 Plus	1 080×1 920	5.5	401	iOS
iPhone7	750×1 334	4.7	326	iOS
iPhone 7 Plus	1 080×1 920	5.5	401	iOS
三星S5	1 080×1 920	5.1	432	Android
三星S6/S7	1 440×2 560	5.1	576	Android
小米5	1 080×1 920	5.15	428	Android
华为Mate7	1 080×1 920	6	367	Android

1.5　APP设计软件

随着移动互联网的兴起，越来越多的互联网企业、电商平台已经成功使用APP来强化品牌价值和服务，APP的使用已完全融入人们的生活当中。那么制作一款APP需要用到哪些设计软件呢？下面就针对APP设计中常用的软件Photoshop CC和Illustrator CC进行简单介绍。

1.5.1　Photoshop CC

Photoshop CC是Adobe公司旗下著名的图像处理软件之一。它提供了灵活便捷的图像制作工具、强大的像素编辑功能，被广泛运用于数码照片后期处理、平面设计、网页设计，以及UI设计等领域。图1-41和图1-42所示为该软件的启动界面和工作界面。

图1-41　Photoshop CC启动界面

图1-42　Photoshop CC工作界面

1.5.2　Illustrator CC

　　Illustrator CC是由Adobe公司开发的一款图形软件，一经推出，便以强大的功能和人性化的界面深受用户欢迎。它广泛应用于出版、多媒体和在线图像等领域。通过Illustrator CC可以轻松地制作出各种形状复杂的图形和文字效果，在APP设计中，其应用也相当广泛。图1-43和图1-44所示为该软件的启动界面和工作界面。

图1-43　Illustrator CC启动界面

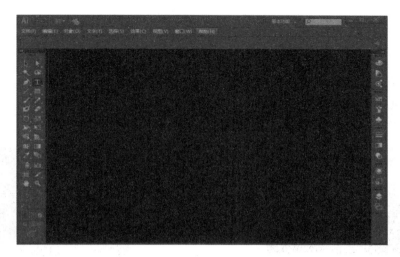

图1-44　Illustrator CC工作界面

1.6 APP设计要素

在智能手机时代，APP应用开发已经成为发展动向，然而很多APP应用软件在设计方面做得并不够。那么，怎样才能设计出高质量的APP呢？除了要有好的设计理念以外，与APP相关的设计元素也是必须要了解和掌握的。下面就针对APP设计中的色彩、布局等相关知识进行详细讲解。

1.6.1　色彩

色彩是APP设计中一个很重要的元素，作为最直观的视觉信息，无时无刻不在影响着用户的体验。下面将具体介绍色彩的基础知识和搭配方法，以及APP设计的用色规范。

1. 认识色彩

（1）主色

主色是决定画面风格趋向的色彩，可能是多种颜色，一般在Logo和视觉面积较大的导航栏上使用。主色的选择过程称为定色调，它的成败直接影响到视觉传达的效果，还会影响到使用者的情绪。因此，确定主色调是APP设计中非常关键的一步。

（2）辅助色

辅助色的作用是使画面更完美、更丰富。它一般应用在APP中的控件、图标和插图上。

（3）点睛色

点睛色通常在色彩组合中占据的面积较小，视觉效果比较醒目，主要用在提示性的小图标或者需要重点突出的图形中。

在图1-45所示的APP界面中，蓝色为主色调，插图颜色为辅助色，红色为点睛色。

2. 色彩对比原则

对比是色彩关系中最普遍的表现形式，是指人通过视觉感官得到两种以上的色彩感觉，从而产生相互作用的表现。在APP设计中通过色彩对比产生视觉落差，才能制造出特殊的视觉传达效果。

（1）明暗对比

明暗对比是决定画面情调、风格的重要因素。在以明度为基准配色时，明度对比强则视敏度高，画面清晰明朗。明度对比太强则使色彩层次两极分化，带有强烈的刺激性。图1-46所示为强烈的明度对比的界面效果。

图1-45　色彩划分　　　　　　　　　　　　图1-46　明度对比

（2）色相对比

因色相差异而产生的对比称为色相对比。色相对比的强弱与色彩的相对位置和距离有关，在图1-47所示的色相环中，对比最强的是相对180°补色的对比，如红与绿的对比。图1-48所示为色相对比界面效果。

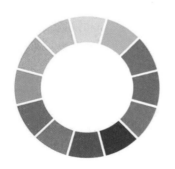

图1-47　色相环　　　　　　　　　　　　图1-48　色相对比

（3）面积对比

将两个色彩强弱不同的色彩放在一起，若要得到对比均衡的效果，必须以不同的面积大小来调整，弱色占大面积，强色占小面积，而色彩的强弱是以其明度和彩度来判断，这种现象称为面积对比。图1-49所示为面积对比效果展示。

（4）纯度对比

因色彩纯度差异而产生的对比称为纯度对比。高纯度的色彩明艳、纯净，低纯度的色彩含蓄、柔和。在色彩的配色中，高纯度色彩与低纯度色彩往往相互衬托，相辅相成，这样色彩的鲜明性和柔和性才能凸现出来。图1-50所示为相同色相不同纯度之间对比的界面效果。

图1-49　面积对比

图1-50　纯度对比

3．APP色彩的搭配方法

在APP设计中，如果对色彩搭配没有把握可以参考以下3种方法：

（1）参考同类APP

根据APP所涉及的行业、风格和定位去寻找同类型APP的色彩搭配组合。例如，科技风一般采用蓝、白、灰为主；女性主题经常以粉色、紫色或柔和的米色为主；美食类主题多以橘黄色为主，如图1-51所示。

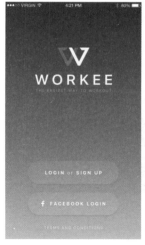
科技风

女性主题　　美食类

图1-51　APP风格

（2）三色搭配原则

三色搭配原则是指在设计作品中，单个界面的颜色应保持在3种以内（这里的颜色指色相）。如果超过3种，就会产生眼花缭乱的感觉。

Note

> 在实际设计中，仍然可以使用3种以上的颜色来装点设计，只是要保证颜色不超过3种基调即可。

（3）借助配色软件

如果觉得上述方法无法满足需求，还可通过配色软件进行配色，通过这种方法获得的色彩组合都符合色彩搭配规范，省时省力。

1.6.2　界面布局

一般来说，APP界面布局主要分为四部分：状态栏、导航栏、标签栏和内容区，如图1-52所示。

图1-52　界面布局

① 状态栏：位于界面最上方，就是人们经常说的信号、运营商、电量等显示区域。

② 导航栏：表示当前界面的名称，包含相应的功能或者是页面之间的跳转按钮。

③ 内容区：展示应用提供的相应内容，也是布局变更最频繁的一个区域。

④ 标签栏：位于界面最下方，类似于页面的全局导航，方便快速切换功能或者导航。在手机上，标签栏包含"未选择和已选择"两种视觉效果。

1.7　UI设计风格

在界面设计之前，设计者首先会对界面的风格进行定义。通常UI界面的设计风格主要包括扁平化和拟物化这两大类，对它们的详细讲解如下。

1.7.1　扁平化风格

扁平化设计风格一直是设计师之间的热门话题。那么什么是扁平化风格？扁平化设计的原则是什么？未来发展趋势如何？下面将从这一系列问题出发，对扁平化设计风格进行详细分析。

1. 扁平化风格的概念

扁平化风格是指去掉多余的透视、纹理、渐变，以及能做出3D效果的元素，而强调通过抽象、简化、符号化的设计元素来完成设计。扁平化设计要求所有元素的边界都干净利落，简单直接地将信息和事物的工作方式展示出来，减少用户认知障碍的产生。图1-53所示为扁平化风格的UI设计界面。

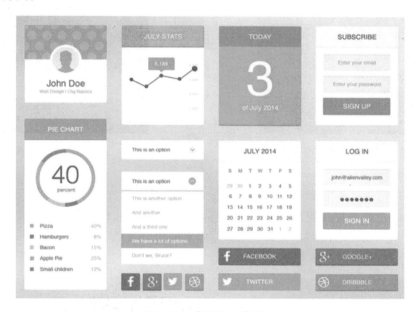

图1-53　扁平化风格界面

2. 扁平化设计的原则

针对扁平化设计可参考以下五大原则：

（1）拒绝特效

扁平化设计仅仅采用二维元素，所有元素都不加修饰，从图片框到按钮，再到导航栏都干脆有力，规避羽化、阴影及3D等特效，如图1-54所示。

（2）仅使用简单的元素

扁平设计中使用到很多简单的UI元素，比如按钮和图标，设计师更常用矩形、圆形、方形等简单的形状。UI元素应该在保持可用性的前提下尽可能简单，保证应用或网站直观、易用，无须引导，如图1-55所示。

图1-54　拒绝特效

（3）注重排版

因为扁平化设计要求元素更简单，排版的重要性就更为突出。字体的大小应该匹配整体设计，文案精简、干练，保证产品在视觉上和措辞上的一致性，如图1-56所示。

图1-55 简单的界面元素

图1-56 排版效果

（4）关注色彩

色彩的使用对于扁平化设计来说非常重要。扁平化设计的色调通常更有活力、色彩更纯，其主要、次要颜色通常都是非常大众化的颜色，然后再配以几种其他颜色。扁平化设计的另一个趋势在于复古颜色的使用，在扁平化设计中浅澄色、紫色、绿色、蓝色都极为流行，如图1-57所示。

图1-57 使用复古色

（5）最简方案

设计师要尽量简化自己的设计方案，避免不必要的元素出现在设计中。简单的颜色和字体就足够了。如果一定需要视觉元素，可通过添加简单的图案来实现，如图1-58所示。

图1-58　最简方案

3. 扁平化设计的发展趋势

现今扁平化的设计正在成为新的趋势，越来越多的网站设计已在UI上走扁平式设计的路线。因为通过这种风格可以让设计更具有现代感，还可以强有力地突出设计中最重要的内容和信息。

但是，任何事物都必须遵循产生、发展、衰败、消亡的发展规律，只有不断地推陈出新，才能生生不息。设计师会不断地计划和尝试，并最终将它进化到一个新的风格——微扁平设计风格（也称扁平化2.0）。

微扁平设计是指在符合扁平化的简洁美学的前提下，增加一些光影效果。例如，微阴影、幽灵按钮、低调渐变等，如图1-59~图1-61所示。

图1-59　微阴影　　　　　　　图1-60　幽灵按钮　　　　　　图1-61　低调渐变

通过增加的这些效果，就轻松地解决了扁平化交互不够明显、按钮难以找到等问题，让扁平变得简约而不简单。

1.7.2　拟物化风格

拟物化风格的视觉美感无与伦比，给人一种带入感。那么什么是拟物化风格？拟物化风格又有什么特点？下面就针对这两个问题进行详细讲解。

1. 拟物化风格的概念

拟物化风格是指模拟现实物品的造型和质感，通过叠加、高光、纹理、材质、阴影等效果

对实物进行再现，也可适当程度变形和夸张。拟物设计会让用户第一眼就认出实物，如图1-62所示。

图1-62　拟物化风格

2. 拟物化设计的优缺点

拟物化设计的特点主要体现在以下两方面：

① 界面：模拟真实物体的材质、质感、细节、光亮等。

② 交互：人机交互也需要拟物化，模拟现实中的交互方式。

针对拟物化设计的优缺点分析如下：

① 优点：认知和学习成本低，而且传达了丰富的人性化的感情。

② 缺点：拟物化本身就是个约束，会限制功能本身的设计。

1.8 智能手机操作系统

在UI设计中针对不同的操作系统，界面设计效果也会有很大的差异。下面就针对用户最常用的iOS系统和Android系统进行详细讲解。

1.8.1 iOS系统

iOS作为苹果移动设备iPhone和iPad的操作系统，在APP Store的推动之下，成为世界上引领潮流的操作系统之一。iOS的用户界面能够使用多点触控直接操作，控制方法包括滑动、轻触开关及按键。与系统交互包括滑动（Swiping）、轻按（Tapping）、挤压（Pinching，通常用于缩小）及反向挤压（Reverse Pinching or Unpinching，通常用于放大）。此外，通过其自带的加速器，可以令其旋转设备改变其y轴以令屏幕改变方向，这样的设计令iPhone更便于使用。iOS系统标志如图1-63所示。

1. 文字规范

在iOS 8系统中，英文和数字字体为Helvetica，它是比较典型的扁平

图1-63　iOS系统标志

风格字体，中文字体为Heiti SC（黑体-简）。在iOS9系统中，中文字体为"苹方"，英文和数字字体为SanFrancisco，如图1-64所示。

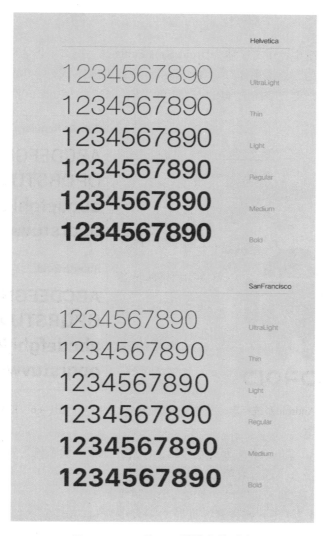

图1-64　iOS8和iOS9默认字体对比

2. 界面布局规范

这里主要以iPhone 7的分辨率750×1 334像素为例，针对界面中的状态栏、导航栏、标签栏和内容区域的尺寸大小和文字大小进行讲解。

① 状态栏：尺寸为750×40像素，字体大小为24像素。

② 导航栏：尺寸为750×88像素，标题文字大小为34~40像素，按钮文字一般不大于32像素。

③ 内容区：尺寸为750×1 108像素，字体大小在22~36像素之间。

④ 标签栏：尺寸为750×98像素，字体大小为22~24像素。

1.8.2　Android系统

Android（安卓）系统是一种基于Linux开发的操作系统，主要使用于移动设备，如智能手机和平板计算机，由Google公司和开放手机联盟领导及开发，2011年11月数据显示，Android占据全球智能手机操作系统市场52.5%的份额，中国市场占有率为58%。如今，Android已经成为现在市面上主流的智能手机操作系统，其系统标志如图1-65所示。

1. 文字规范

在Android 4.0系统中，中文字体为Droid Sans Fallback，英文字体为Roboto。在Android 5.0系统中，中文字体改为"思源黑体"。在实际设计中如果软件不支持"思源黑体"，可以使用"方正兰亭黑"代替，英文字体选择Roboto即可。图1-66所示为Roboto字体效果。

Roboto Regular

ABCDEFGHIJKLMN
OPQRSTUVWXYZ
abcdefghijklmn
opqrstuvwxyz

Roboto Bold

ABCDEFGHIJKLMN
OPQRSTUVWXYZ
abcdefghijklmn
opqrstuvwxyz

图1-65　Android系统标志　　　　　　　　　　图1-66　Roboto字体

2. 界面布局规范

这里主要以720×1 280像素的分辨率为例，针对界面中的状态栏、导航栏、标签栏和内容区域的尺寸大小和文字大小进行讲解。

①状态栏：尺寸为720×50像素，字体大小为24像素。

②导航栏：尺寸为720×96像素，标题文字大小为34~40像素，按钮文字一般不大于32像素。

③内容区：尺寸为720×1 038像素，字体大小在20~36像素。

④标签栏：尺寸为720×96像素，字体大小为22~24像素。

Note

在APP界面设计中，不管是针对iOS系统还是Android系统，字体大小的设置都不是一成不变的，上述参数仅供参考。实际运用中还需结合界面的美观度做适当调整。

基础操练

一、判断题

1. 在屏幕尺寸一样的情况下，可显示的像素越多画面就越精细。 （　　）

2. 像素密度（DPI）常用于屏幕显示的描述，意思是每英寸像素点的数量。 （　　）

3. 扁平化风格是指将拟物图形压扁，而呈现出的二维视角关系。 （　　）

4. 拟物化风格是指对实物本身进行质的还原，不可以对实物进行变形或夸张化处理。

（　　）

5. 在APP界面设计中，iOS系统的字体大小是固定的，不可以改变。 （　　）

二、选择题

1. 下选项中，属于APP界面布局模块的是（　　）。

　　A. 状态栏　　　　　　B. 导航栏　　　　　C. 文字　　　　　D. 图片

2. 下面的选项中，属于拟物化特点的是（　　）。

　　A. 用于模拟现实物品的造型和质感　　　　B. 不容易辨认本质特征

　　C. 不能运用叠加、纹理等效果　　　　　　D. 需要符合扁平化的简洁美学

3. 下面的选项中，关于"主色"描述正确的是（　　）。

　　A. 主色是决定画面风格趋向的色彩　　　　B. 主色可能是多种颜色

　　C. 主色只能是一种颜色　　　　　　　　　D. 主色的选择过程称为定色调

4. 下面的选项中，属于iPhone 7屏幕分辨率参数的是（　　）。

　　A. 750×1 334像素　　　　　　　　　　B. 1 080×1 920像素

　　C. 1 080×1 920像素　　　　　　　　　D. 640×1 136像素

5. 在UI设计中，关于网点密度的描述正确的是（　　）。

　　A. "网点密度"简称PPI

　　B. "网点密度"用来描述印刷品的打印精度

　　C. "网点密度"是指每毫米所能打印的点数

　　D. "网点密度"是指每毫米所能打印的像素数

第 2 章

图标设计

学习目标	☑ 掌握图标设计的基本设计原则，能够独立完成图标的设计和制作。
	☑ 掌握扁平化、微扁平、拟物3种设计风格的特点，能够设计不同风格的图标。
	☑ 了解移动设备中图标的参数规范，能够独立制作符合规范的图标。

通过第1章的学习，相信读者对UI设计已经有了基本的认识。在UI设计中，图标作为核心设计内容之一，是界面中重要的信息传播载体。一枚精致的图标往往能够给用户一个良好的印象，从而提高点击率和推广效果。本章将通过"扁平化照相机图标设计""微扁平照相机图标设计""照相机写实图标设计"3个对比任务，详细讲解图标的设计技巧。

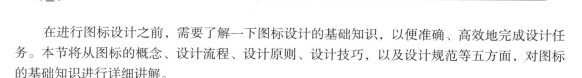

2.1 图标设计基础知识

在进行图标设计之前，需要了解一下图标设计的基础知识，以便准确、高效地完成设计任务。本节将从图标的概念、设计流程、设计原则、设计技巧，以及设计规范等五方面，对图标的基础知识进行详细讲解。

2.1.1 认识图标

图标是具有明确指代含义的计算机图形，一般源自于生活中的各种图形标识，是计算机应用图形化的重要组成部分。在APP设计中，图标不仅包括程序启动图标，还包括状态栏、导航等位置出现的其他图标。一些常见的图标设计如图2-1、图2-2所示。

![APP启动图标示例]

图2-1　APP启动图标

图2-2　导航栏图标

2.1.2 图标设计流程

设计的过程是思维发散的过程，一般遵循固定的设计流程。在实际工作中，设计流程并不是绝对的。有的流程可能会被跳过或忽略，如调研与讨论；有的流程会反复停留，如修改与扩展。下面通过讲解图标设计的流程为读者提供一个关于设计流程的思路，为日后的设计工作奠定基础。

1. 定义主题

定义主题是指把要设计的图标所涉及的关键词罗列出来，重点词汇突出显示，确定这些图

标是围绕一个什么样的主题展开设计，对整体的设计有一个把控，如图2-3所示。

图2-3　关键词罗列形式

2. 寻找隐喻

"隐喻"是指真实世界与虚拟世界之间的映射关系，"寻找隐喻"是指通过关键词进行头脑风暴，看看可以联想到哪些实物。例如，"休息"这个关键词，可以联想到下面的图形，如图2-4所示。

图2-4　关键词联想

从图2-4可以看出，通过"休息"这个关键词，联想到了沙发和床，因为它们都有休息的功能。每一个工作和学习环境都是不一样的，导致对于某个词的隐喻理解也有所不同。例如，经常喝咖啡的人，认为工作忙碌，来一杯香醇的咖啡就是休息。

当然，应用是为大多数人制作的，所以要挑选最被大多数人接受的事物来抽象图形。除非你的应用是为某个群体设计的个性应用。

3. 抽象图形

抽象图形要求设计师将生活中的原素材进行归纳，提取素材的显著特点，明确设计的目的，这是创作图标的基础，如图2-5所示。

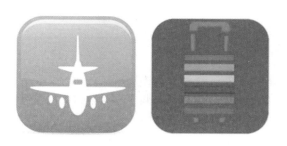

图2-5　抽象化的图标

在图2-5中，"飞机"和"拉杆箱"都进行了抽象化处理，汲取各自最显著的特点，形成了最终的图标。需要注意的是，图形的抽象必须进行控制，图形太复杂或者太简单，识别度都会降低，如图2-6所示。

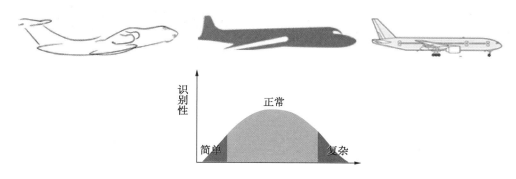

图2-6　实物抽象化程度

通过图2-6容易看出，当"飞机"过于写实，甚至接近照片时，就会显得非常复杂且太过具象。当"飞机"过于简单，甚至只能看到圆形轮廓的时候，就已经看不出什么了，太过抽象。太过具象和太过抽象的图形识别性都非常低。

　　4．绘制草图

经过对实物的抽象化汲取后，便可以进行草图的绘制。在这个过程中，主设计师需要将实物转化成视觉形象，即最初的草图，如图2-7所示。当然，草稿可能有很多方案，这时需要筛选出若干满意的方案继续下面的流程。

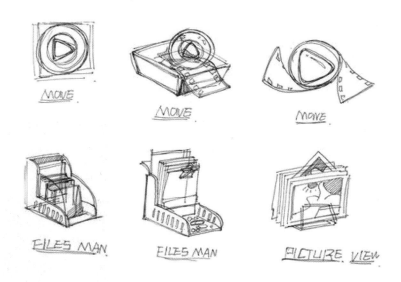

图2-7　图标草图

　　5．确定风格

在确定了图标的基准图形后，下一步就是确定标准色。一般可以根据图标的类型选择合适的颜色。当不知道使用什么颜色时，蓝色是最稳妥的选择。目前，图标设计主流是扁平化风格，如图2-8所示。

值得一提的是，在UI设计中，大部分扁平化图标以单色图形为主，从技法上来说，这样降低了设计的难度。

6. 制作和调整

根据既定的风格，使用软件制作图标。在扁平化风格盛行的今天，单独的图形设计需要更多的设计考量，需要经过大量的推敲、设计、调整，因此，在图标的制作过程中，会修正一些草图中的不足，也可能增加一些新的设计灵感。

图2-8　扁平化图标

7. 场景测试

图标的应用环境有很多种，有的在APP Store上使用，有的在手机上使用。手机的背景色也各不相同，有深色系的，也有浅色系的。我们要保证图标在各个场景下都有良好的识别性，因此在图标上线前，设计师需要在多种图标的应用场景中进行测试。

2.1.3　图标设计原则

设计原则是做设计的标准，可用于指导设计和衡量设计方案的优劣。在进行图标设计时，相应的设计原则可以帮助设计师快速进行设计定位。通常，图标的设计原则主要包括以下几方面：

1. 可识别性原则

可识别性原则指的是图标要能准确表达相应的操作，即看到一个图标，就要明白它所代表的含义，这是图标设计的灵魂，如图2-9所示。

图2-9所示为设计中一些常用工具类的图标，虽然很简单，但是有很强的实用性。在UI设计中，大部分界面不需要精度很高、尺寸很大的图标。

添加　　删除　　前进　　后退

图2-9　指示类型图标

2. 差异性原则

差异性原则是指图标要有差异化，以便于用户辨认和操作。因为图标设计的目标是提高效率，如果用户真的很难区分它们，反而降低了工作效率。因此，一些优秀的图标，往往能够知图达意，堪称设计典范。图2-10所示为Photoshop CS6的部分图标。

图2-10中的图标完全符合差异性原则，每个图标一眼望上去都不一样，并且能够代表所需要的操作精致、专业，堪称图标设计的典范。

3. 风格统一性原则

一套设计非常协调统一的图标不仅看上去美观，同时也会增强用户的满意度。通常设计风格统一的图标可以从以下几点考虑：

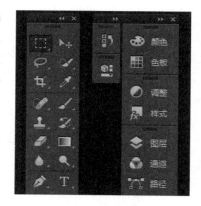

图2-10　Photoshop CS6的部分图标

① 图标造型上的统一。例如，是选择扁平化图标还是选择拟物图标。

② 图标色调的统一。

③ 图标细节元素要统一。例如，是选择无边框图标，还是选择有边框图标。

2.1.4　图标设计技巧

在设计图标的过程中，掌握相关的设计技巧，可以帮助设计师快速、高效地完成设计任务。通常，图标设计技巧有以下几方面：

1.　正负形组合

正负形组合是一种最常见的设计方法，可以根据应用抽象出两到3个重要的功能点，或者产品特质，然后提炼相应的图形，通过图形相互组合、叠加，或者抠除，组成新的图形，如图2-11所示。

2.　折叠图形

当一个完整的平面图形设计完成后，可以分析图形的轮廓走向，在图形的结尾或者转角处做局部折叠处理，如图2-12所示。

图2-11　正负组合型图标

图2-12　折叠型图标

3.　线形图标

线形图标是一种独特的绘制图形手法，可通过提炼图形的轮廓设计各式线性图形，应用的形象简练、完整，更具吸引力，如图2-13所示。

4.　透明渐变

通过对图形放大或缩小叠加不同透明度的图形，形成一个层次丰富、形态饱满的图形组合，如图2-14所示。

图2-13　线形图标

图2-14　透明渐变型图标

5.　色块拼接

色块拼接是指把图形分割成有规律的块状，并填充颜色，如图2-15所示。

6.　图形复用

对已经设计好的主图形进行复制，通过透明度、颜色或者大小的变化，创造出一种图形阵列之美，如图2-16所示。

图2-15　色块拼接型图标　　　　　　　　图2-16　图形复用型图标

7. 背景组合

运用不同的底板背景更能使图标汇聚聚焦点、富有活力。背景可以选择纯色、渐变色、放射或规律的集合线条，以及和主题相关的元素。通常可以将运用背景组合的图标分为以下几类：

① 图标形状+背景组合，如图2-17所示。

② 文字+背景组合，如图2-18所示。

③ 图文组合+背景组合，如图2-19所示。

④ 吉祥物（或卡通形象）+背景组合，如图2-20所示。

图2-17　图标形状+　　　图2-18　文字+　　　图2-19　图文组合+　　　图2-20　吉祥物+
　　背景组合　　　　　　背景组合　　　　　　背景组合　　　　　　背景组合

2.1.5　图标设计规范

在进行移动端图标设计时，完成的图标最终还是要运行在手机系统上，因此在设计图标时往往需要遵循手机系统的设计规范，例如，尺寸、圆角大小等。下面将分别介绍Android系统和iOS系统的图标设计规范。

1. Android系统图标设计规范

Android系统是一个开放的系统，可以由开发者自行定义，所以屏幕尺寸规格比较多元化。为了简化设计并且兼容更多手机屏幕，Android系统平台按照像素密度将手机屏幕划分为：低密度屏幕（LDPI）、中密度屏幕（MDPI）、高密度屏幕（HDPI）、X高密度屏幕（XHDPI）、XX高密度屏幕（XXHDPI）、XXX高密度屏幕（XXXHDPI）6类，具体如表2-1所示。

表2-1　Android系统手机屏幕划分

像 素 密 度	比 例 关 系	分辨率/像素	屏幕尺寸/英寸
LDPI	0.75	240×320	2.7
MDPI	1	320×480	3.2
HDPI	1.5	480×800	3.4
XHDPI	2	720×1 280	4.65
XXHDPI	3	1 080×1 920	5.2
XXXHDPI	4	1 440×2 560	5.96

表2-1列举了Android系统不同像素密度的手机屏幕对应参数。在设计图标时，不同像素密度的屏幕对应的图标尺寸也各不相同，具体介绍如下：

① 主菜单图标：指用图形在设备主屏幕和主菜单窗口展示功能的一种应用方式，如图2-21所示。

通常主菜单会按照区格排列展示应用程序图标，用户通过点击，可以选择打开相应的应用程序。主菜单图标在不同像素密度屏幕中的尺寸参数如表2-2所示。

图2-21 主菜单图标

表2-2 主菜单图标尺寸

类 型	LDPI	MDPI	HDPI	XHDPI	XXHDPI	XXXHDPI
图标尺寸/像素	36×36	48×48	72×72	96×96	144×144	192×192

② 状态栏操作图标：是指状态栏下拉界面上一些用于设置系统的图标，如图2-22所示。

状态栏操作图标在不同像素密度屏幕中的尺寸参数如表2-3所示。

图2-22 状态栏图标

表2-3 状态栏操作图标尺寸

类 型	LDPI	MDPI	HDPI	XHDPI	XXHDPI	XXXHDPI
图标尺寸/像素	24×24	32×32	48×48	64×64	96×96	128×128

③ 通知图标：指应用程序产生通知时，显示在左侧或右侧，标示显示状态的图标（见图2-23），红框标示即为通知图标。

通知图标在不同像素密度屏幕中的尺寸参数如表2-4所示。

图2-23 通知图标

表2-4 通知图标尺寸

类 型	LDPI	MDPI	HDPI	XHDPI	XXHDPI	XXXHDPI
图标尺寸/像素	18×18	24×24	36×36	48×48	72×72	96×96

Note

Android系统并不提供统一的圆角切换功能，因此设计出的图片必须是带圆角的。

2. iOS系统图标设计规范

iOS系统对于图标尺寸有着严格的规范要求，在不同分辨率的屏幕中，图标的显示尺寸也各不相同。表2-5列举了不同型号iPhone的屏幕尺寸和PPI参数。

表2-5 iPhone屏幕参数表

类　　型	分辨率/像素	PPI
iPhone 3GS	320 × 480	163
iPhone 4/4S	640 × 960	326
iPhone 5/5S	640 × 1 136	326
iPhone 6	750 × 1 334	326
iPhone 6Plus	1 242 × 2 208	401
iPhone 7	750 × 1 134	326

表2-5列举了iPhone 3GS到iPhone 7等一系列产品的分辨率和PPI参数，它们各自对应的图标尺寸规范如表2-6所示。

表2-6 iPhone图标尺寸参数表

图标/机型	iPhone 3GS	iPhone 4/4S	iPhone 5/5S/6/7	iPhone 6Plus
APP	57 × 57	114 × 114	120 × 120	180 × 180
APP Store	512 × 512	512 × 512	1 024 × 1 024	1 024 × 1 024
标签栏导航	25 × 25	50 × 50	50 × 50	75 × 75
导航栏/工具栏	22 × 22	44 × 44	44 × 44	66 × 66
设置/搜索	29 × 29	58 × 58	58 × 58	87 × 87

表2-6列举了不同类型的iOS设备中，各种图标的对应尺寸。对其中各种图标的详细解释如下：

① APP图标：指的是应用图标。在设计时，可以直接设计为方形，通过iOS系统切出圆角。图2-24所示为iPhone界面中的APP图标。

值得一提的是，在设计图标时可以根据需要做出圆角供展示使用，对应的圆角半径如表2-7所示。

图2-24 APP图标

表2-7 iPhone图标圆角参数

图标尺寸/像素	圆角半径/像素	图标尺寸/像素	圆角半径/像素
57 × 57	10	180 × 180	34
114 × 114	20	512 × 512	90
120 × 120	22	1 024 × 1 024	180

② APP Store图标：指应用商店的应用图标，一般与APP图标保持一致。图2-25所示为APP Store应用商店的APP图标。

需要注意的是，虽然iOS系统提供圆角自动切换功能，但是在APP Store应用商店中的图标却需要设计圆角。

① 标签栏导航图标：指底部标签导航栏上的图标。

② 导航栏图标：指分布导航栏上的功能图标。

③ 工具栏图标：指底部工具栏上的功能图标。

④ 设置/搜索图标：在列表式的表格视图中左侧功能图标。

图2-25　APP Store应用商店
　　　　APP图标

2.2 【任务1】扁平化照相机图标设计

扁平化以其大胆的用色，简洁明快的设计风格让人们耳目一新。尤其是在移动端应用中表现得更加明显。例如，在图标设计中，扁平化设计图标减少了图形和效果（渐变、阴影等）的运用，使得界面变得更加干净整齐，带给用户更加良好的操作体验。

2.2.1　任务描述

照相机图标是手机界面中最常见的图标，也是UI设计师入门级的基础图标。本次任务是设计一枚扁平化风格的照相机图标，要求图标具备醒目、简洁、易辨识等图标基本特点。照相机图标的最终设计效果如图2-26所示。通过本任务的学习，读者可以掌握扁平化图标的基本设计技巧。

图2-26　扁平化照相机图标最终效果

2.2.2　思路剖析

在进行图标设计时，进行思路剖析可以明确设计任务，避免重复性工作，极大地提高工作效率。

1. 图标设计尺寸

图标的设计尺寸通常按照做大不做小的原则。本任务按照iPhone 7中APP Store 图标尺寸规范进行设计，具体如表2-8所示。

表2-8　iPhone 7图标圆角参数

图标尺寸/像素	圆角半径/像素	分辨率/像素
1 024×1 024	180	72

2. 设计风格

本任务采用扁平化的设计风格，从图形和配色两方面着手进行分析。

① 图形设计：扁平化的设计特点是去掉冗余的装饰效果，让"信息"本身重新作为核心被凸显出来。因此，可以选取照相机最显著的特征，运用抽象化的图形去表现。照相机一般由图2-27所示的几部分构成。

在图2-27所示的照相机结构图中，镜头和闪光灯是照相机最显著的特征，因此可以运用"椭圆工具"将这两部分抽象化，作为照相机图标。

② 颜色搭配：在确定图标颜色时，如果不清楚要选用什么颜色，蓝色是最稳妥的选择。本任务选用蓝色、浅蓝色和白色搭配制作一款照相机图标。

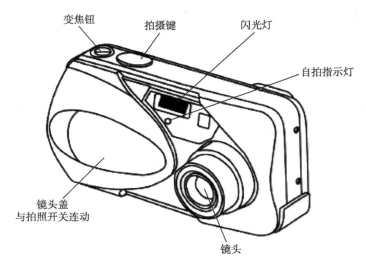

图2-27　照相机结构图

2.2.3　任务实现

Step 01 打开Photoshop CC软件，按【Ctrl+N】组合键，在"新建"对话框中设置"名称"为"扁平化照相机图标设计"，"宽度"为1 024像素，"高度"为1 024像素，"分辨率"为72像素/英寸，"颜色模式"为RGB颜色，"背景内容"为白色，如图2-28所示。单击"确定"按钮，完成画布的新建。

Step 02 按【Ctrl+R】组合键调出标尺，在图2-29所示位置创建4条参考线。

图2-28　新建文档

图2-29　建立参考线

Step 03 按【Alt+Ctrl+C】组合键，打开"画布大小"对话框，设置宽度和高度均为1 500像素，为画布做出留白，如图2-30所示。

Step 04 运用"圆角矩形工具" ，绘制一个宽度和高度均为1 024像素，圆角为180像素的圆角矩形，填充浅蓝色（RGB：34、165、195），作为图标背景，如图2-31所示。

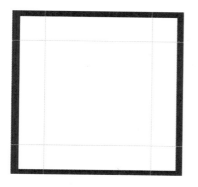

图2-30　调整画布大小

图2-31　绘制圆角矩形

Step 05 运用"椭圆工具" 绘制4个椭圆形，按照由下层到上层的顺序，分别填充白色、浅蓝色（RGB：127、223、245）、蓝色（RGB：65、196、226）、深蓝色（RGB：14、142、171），大小和位置如图2-32所示，做出抽象的镜头。

Step 06 再次运用"椭圆工具" ，在图2-33所示位置，绘制3个白色填充的小椭圆，作为镜头的高光部分。

图2-32　绘制椭圆形

图2-33　绘制镜头高光

Step 07 在圆角矩形背景的左上角绘制一个粉红色（RGB：244、97、95）填充，浅粉红色（RGB：255、147、139）描边的椭圆，作为照相机的闪光灯，如图2-34所示。

Step 08 选择"矩形工具" ，按照图2-35所示样式，为"闪光灯"和"摄像头"添加长投影，效果如图2-35所示。

图2-34　绘制闪光灯

图2-35　添加长投影

Step 09 以圆角矩形背景为蒙版层，将阴影创建剪贴蒙版，如图2-36所示，效果如图2-37所示。

图2-36　剪贴蒙版

图2-37　剪贴蒙版效果

Step 10 至此"扁平化照相机图标"绘制完成，按【Ctrl+S】组合键将文件保存在指定文件夹。

2.3 【任务2】微扁平照相机图标设计

扁平化设计虽然简洁明快，但存在交互不够明显，按钮难以找到等不足。为了避免纯粹的扁平化设计，一些细微的效果逐渐被运用其中，例如，内阴影、投影等。扁平化设计正在向微扁平设计演变。

2.3.1　任务描述

微扁平会运用一些符合扁平化简洁美学的设计效果，对扁平化设计进行细致的处理。本任务是设计一枚微扁平照相机图标，要求突出照相机闪光灯和镜头光影关系的变化。照相机图标的最终设计效果如图2-38所示。通过本任务的学习，读者可以了解扁平化和微扁平的差异，掌握微扁平图标的设计技巧。

图2-38　微扁平照相机图标最终效果

2.3.2　思路剖析

微扁平图标和扁平图标的设计类似，只是多了颜色、光影变化等效果。因此，可以按照扁平化图标的设计思路分模块进行剖析。

1. 图标设计尺寸

微扁平的图标尺寸并不会变化，因此可以参照扁平化图标的设计尺寸进行制作。

2. 设计风格

本次任务采用微扁平化的设计风格，因此在设计制作上和纯粹的扁平化设计略有差异。

① 图形和配色：在图形设计和配色上仍然可以遵循扁平化的设计方法，选取实物最显著的特征，进行抽象化处理。

②底图效果：可以运用蓝色到深蓝色渐变填充的圆角正方形作为底图。通过微渐变增强背景的颜色氛围。

③镜头和闪光灯效果：可以通过淡色的投影，增加元素的深度，使其从背景中脱颖而出，引起用户的注意。

2.3.3 任务实现

Step 01 打开Photoshop CC软件，按【Ctrl+N】组合键，在"新建"对话框中设置"名称"为"微扁平照相机图标设计"，"宽度"为1 024像素，"高度"为1 024像素，"分辨率"为72像素/英寸，"颜色模式"为RGB颜色，"背景内容"为白色。单击"确定"按钮，完成画布的新建。

Step 02 按【Ctrl+R】组合键调出标尺，在图2-39所示位置创建4条参考线。

Step 03 按【Alt+Ctrl+C】组合键，打开"画布大小对话框"，设置宽度和高度均为1 500像素，为画布做出留白，如图2-40所示。

Step 04 运用"圆角矩形工具"，绘制一个宽度和高度均为1 024像素，圆角为180像素的圆角矩形。

Step 05 运用"渐变工具"，为圆角矩形填充浅蓝色（RGB：0、166、199）到绿色（RGB：0、115、156）的线性渐变，作为图标背景，如图2-41所示。

 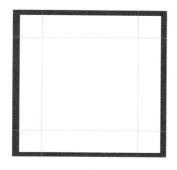 

图2-39 建立参考线 　　　 图2-40 调整画布大小 　　　 图2-41 绘制圆角矩形

Step 06 运用"椭圆工具"，绘制一个正圆形。设置其渐变填充方向和Step05相反，得到"椭圆1"图层，如图2-42所示。

Step 07 按【Ctrl+J】组合键复制"椭圆1"图层。将复制的正圆形填充白色到灰色（RGB：211、211、211）的径向渐变，如图2-43所示。

图2-42 渐变椭圆 　　　　　　　　 图2-43 径向渐变

Step 08 为复制的正圆形添加阴影，设置角度为90度，选中"使用全局光"，距离为0，扩展为0，大小为100像素，如图2-44所示。效果如图2-45所示。

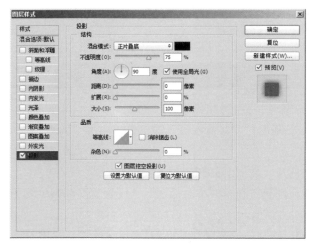

图2-44 阴影图层样式

图2-45 阴影效果

Step 09 再次绘制一个较小的椭圆，添加浅蓝色（RGB：0、107、185）到深蓝色（RGB：0、29、53）的径向渐变，滑块设置位置如图2-46所示，渐变效果如图2-47所示。

图2-46 设置渐变1

图2-47 渐变效果1

Step 10 再次绘制一个较小的椭圆，添加深蓝色（RGB：0、22、38）过渡到蓝色（RGB：0、31、56）再到深蓝色（RGB：0、22、38）的径向渐变，滑块设置位置如图2-48所示，渐变效果如图2-49所示。

图2-48 设置渐变2

图2-49 渐变效果2

Step 11 运用"圆角矩形工具" ▣ 绘制圆角矩形，并填充白色，如图2-50所示。

Step 12 按【Ctrl+T】组合键调出自由变换定界框，在上面的菜单栏中选择"▨"按钮，切换到变形模式。

Step 13 单击" 自定 ⊡ "按钮，在弹出的下拉菜单中选择"扇形"，此时圆角矩形变为图2-51所示效果。

Step 14 按【Enter】键确认自由变换，将不透明度设置为20%，移动至图2-52所示位置，完成高光的绘制。

图2-50 绘制圆角矩形　　　　　图2-51 变形　　　　　图2-52 调整不透明度

Step 15 复制Step11至Step14绘制的圆角矩形，调整大小和位置至图2-53所示样式。

Step 16 绘制一个粉红色（RGB：0、31、56）到深粉红色（RGB：0、31、56）径向渐变的正圆形，添加投影，作为照相机图标的闪光灯，如图2-54所示。

图2-53 复制图形　　　　　　　　图2-54 制作闪光灯

Step 17 至此"微扁平照相机图标"绘制完成，按【Ctrl+S】组合键将文件保存在指定文件夹。

2.4 【任务3】照相机写实图标设计

虽然扁平化和微扁平的设计风格趋势盛行，但效果逼真的写实图标仍然是一个设计师功底的体现。写实图标设计以其逼真的效果、较高的辨识度为广大用户带来愉悦的视觉享受。

2.4.1　任务描述

照相机写实图标最能考验设计者的综合实力，它包含了镜头色彩、金属、皮革、板材等各类质感设计。练习写实图标的设计，往往会先从照相机写实图标着手。本任务是设计一枚照相机写实图标，要求通过叠加高光、纹理、材质、阴影等效果对照相机实物进行再现。照相机写实图标的最终设计效果如图2-55所示。通过本任务的学习，读者可以掌握写实图标的设计技巧，了解简单的光影关系原理。

图2-55　照相机写实图标最终效果

2.4.2　思路剖析

写实图标更多的是通过光影原理和材质效果叠加提升图标的质感和透视效果。在设计尺寸上和扁平、微扁平图标尺寸相同，因此可以按照扁平化图标的设计思路分模块进行剖析。

1. 图标设计尺寸

可以参照扁平化图标的设计尺寸进行制作。

2. 图形设计

本任务是制作写实图标，因此在设计中要注意光影效果的关系。在图形设计上仍然可以遵循扁平化的设计方法，选取实物最显著的特征，运用细腻的光影效果，突出各部分的层次感。

① 机身：可以运用"圆角矩形工具"配合"内阴影""投影"等图层样式效果，运用微渐变的颜色进行制作。

② 快门、闪光灯和按钮效果：可以运用"椭圆工具"配合"内阴影""投影"等图层样式效果进行制作。其中，金属光泽的按钮可以运用角度渐变进行制作。

③ 镜头：镜头是该写实图标的难点部分，可以分解为多个层次，逐一进行制作。

④ 镜头旋钮：可以运用"多边形工具"制作锯齿、多层次线性渐变制作凹凸的螺纹。

⑤ 镜头：可以运用"内阴影""投影"制作镜头的多层次效果，利用角度渐变、纤维滤镜和径向模糊滤镜制作绚丽的镜头光效。

2.4.3　任务实现

1. 制作展示背景

Step 01　打开Photoshop CC软件，按【Ctrl+N】组合键，在"新建"对话框中设置"名称"为照相机写实图标设计，"宽度"为1 024像素，"高度"为1 024像素，"分辨率"为72像素/英寸，"颜色模式"为RGB颜色，"背景内容"为白色。单击"确定"按钮，完成画布的新建。

Step 02　按【Ctrl+R】组合键调出标尺，在图2-56所示位置创建4条参考线。

Step 03　按【Alt+Ctrl+C】组合键，打开"画布大小对话框"，设置宽度和高度均为2 000像素，为画布做出留白，如图2-57所示。

图2-56　建立参考线

Step 04 将白色背景填充为深蓝色（RGB：3、9、23）。

Step 05 运用"椭圆工具" 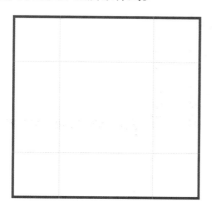绘制一个正圆形，填充浅蓝色（RGB：0、37、128），调整羽化值大小至图2-58所示样式。

图2-57　调整画布大小

图2-58　羽化正圆形

2. 照相机简易图形

Step 01 运用"圆角矩形工具" ，绘制一个宽度和高度均为1 024像素，圆角为180像素的圆角正方形，将得到图层命名为"机身1"。填充深棕色（RGB：0、37、128），作为照相机的底座，如图2-59所示。

Step 02 按【Ctrl+J】组合键，复制"机身1"图层。将复制的图层命名为"机身2"，填充深蓝色（RGB：24、26、58），压缩高度至图2-60所示样式。

图2-59　圆角正方形

图2-60　复制调整图形1

Step 03 再次复制两个圆角正方形，命名为"机身3""机身4"，分别填充灰绿色（RGB：184、207、207）和浅灰绿色（RGB：239、248、248）。压缩高度至图2-61所示样式。

Step 04 按【Ctrl+G】组合键，将4个圆角正方形进行编组，将图层组命名为"机身"。

Step 05 运用"多边形工具" 绘制一个星形，命名为"镜头旋钮"。具体参数设置如图2-62所示，大小和位置如图2-63所示。

图2-61 复制调整图形2

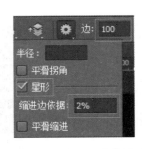

图2-62 绘制星形参数设置

图2-63 星形效果

Step 06 运用"椭圆工具"◯，由内到外绘制3个正圆形，分别命名为"镜头1""镜头2""镜头3"。调整大小和位置如图2-64所示，做出镜头的层次感。

Step 07 再次绘制一个正圆形，命名为"镜头旋钮透视"，放置到"镜头旋钮"图层下面，效果如图2-65所示。

图2-64 绘制正圆形1

图2-65 绘制正圆形2

Step 08 按【Ctrl+G】组合键，将Step05~Step07绘制的正圆形进行编组，命名为"镜头"。

Step 09 再次绘制两个嵌套的正圆形，分别命名为"闪光灯1""闪光灯2"，放置到"镜头"右侧位置，效果如图2-66所示。

Step 10 按【Ctrl+G】组合键，将"闪光灯1""闪光灯2"图层进行编组，命名为"闪光灯"。

Step 11 运用"椭圆工具"◯绘制两个椭圆，将得到的图层分别命名为"快门1""快门2"，调整大小和位置至图2-67所示位置。

Step 12 运用"矩形工具"▢绘制一个矩形，得到"矩形1"图层，大小和位置如图2-68所示。

Step 13 复制"快门2"（较小一点的椭圆）图层，将得到的图层命名为"快门3"。换一个浅色的填充，上移至图2-69所示位置，做出立体的"快门"按钮。将"快门2"和"矩形1"拼合，将拼合后得到的图形命名为"快门2"。

图2-66　绘制闪光灯外形

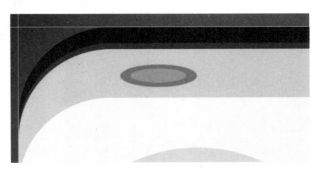

图2-67　绘制椭圆形

图2-68　绘制矩形

图2-69　复制椭圆形

Step 14　按【Ctrl+G】组合键，将快门部分的所有图层进行编组，命名为"快门"。

Step 15　在运用"椭圆工具" ◙ 和"圆角矩形工具" ◙，绘制旋钮部分，绘制效果如图2-70所示。其中，最外层的大圆用"椭圆工具绘制"，命名为"调节旋钮1"，第二层的小圆用"椭圆工具"和"圆角矩形工具"拼合，将拼合后的图形命名为"调节旋钮2"，最里层的小圆命名为"调节旋钮3"。

图2-70　绘制调节旋钮图形

Step 16　按【Ctrl+G】组合键，将调节旋钮部分的所有图层进行编组，命名为"调节旋钮"。

3．制作机身效果

Step 01　选中"机身4"图层，在其上层绘制一个宽1 024像素，高498像素的矩形，将图层命名为"皮质蒙版"。

Step 02　打开"皮质纹理素材.jpg"，如图2-71所示。按【Ctrl+U】组合键，打开"色相

/饱和度"对话框,按图2-72所示参数,调整"皮质纹理素材.jpg"素材的颜色,效果如图2-73所示。

图2-71　皮质纹理素材

图2-72　调整色相/饱和度

图2-73　调整后效果

Step 03 将皮革素材拖到"照相机写实图标设计"画布中,运用图层蒙版,剪切至图2-74所示形状。

Step 04 在"机身4"上方绘制4个矩形,填充浅绿色(RGB:211、224、225),如图2-75所示。

图2-74　剪切素材

图2-75　绘制矩形

Step 05 为矩形添加内阴影效果，不透明度为10%，大小2像素，距离8像素，具体参数设置如图2-76所示。

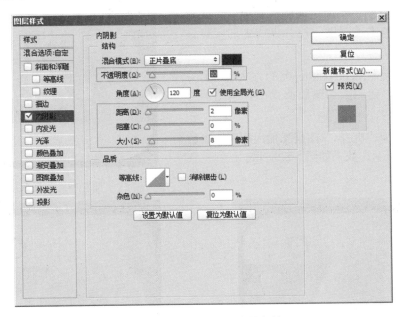

图2-76　设置矩形内阴影参数

Step 06 为矩形添加投影效果，具体参数设置如图2-77所示。

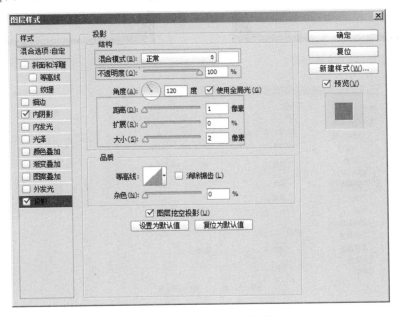

图2-77　设置矩形投影参数

Step 07 选中4个矩形，以"机身4"为蒙版层建立剪贴蒙版，剪切掉矩形的多余部分，如图2-78所示。

Step 08 在Step04绘制的矩形图层上方绘制一个黑色填充的矩形，将得到的矩形图层命名为"坡度暗影",调整矩形的羽化值和不透明度,使其颜色减淡,如图2-79所示。

Step 09 复制一个"坡度暗影"图层,调整羽化值的大小和不透明度,使分界线更加明显,如图2-80所示。

Step 10 复制Step04和Step05的方法做出另一侧的坡度暗影。运用剪切蒙版调大小,调整至合适位置。

Step 11 为"机身4"图层添加内阴影,参数设置如图2-81所示,效果如图2-82所示。

图2-78　剪贴蒙版

图2-79　坡度暗影1

图2-80　坡度暗影2

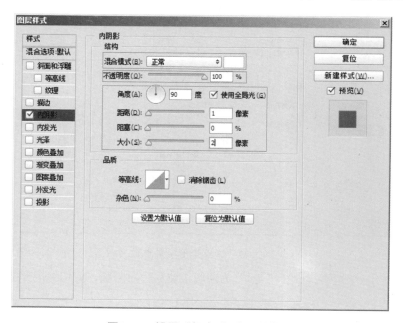

图2-81　设置"机身4"内阴影参数

图2-82 "机身4"内阴影效果

Step 12 为"皮质纹理素材"图层添加内阴影,具体参数设置如图2-83所示。效果如图2-84所示。

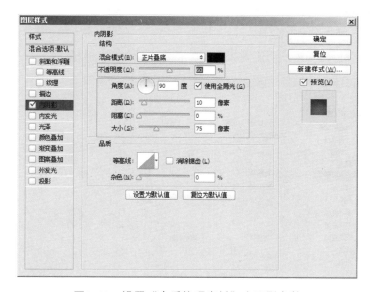

图2-83 设置"皮质纹理素材"内阴影参数

图2-84 "皮质纹理素材"内阴影效果

智能手机APP UI设计与应用任务教程

Step 13 调整"皮质纹理素材"的明暗关系至图2-85所示效果。

Step 14 运用上面添加阴影的方法，在"机身3"图层上添加坡度暗影，并用画笔绘制出高光部分，效果如图2-86所示。

图2-85 增强明暗关系对比　　　　　　图2-86 绘制坡度阴影和高光

Step 15 为"机身2"添加阴影效果，具体参数设置如图2-87所示。

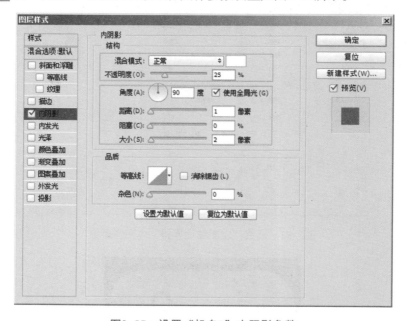

图2-87 设置"机身2"内阴影参数

4. 制作快门、闪光灯和旋钮效果

Step 01 为"快门1"图层添加内阴影和投影效果，具体参数设置如图2-88和图2-89所示。

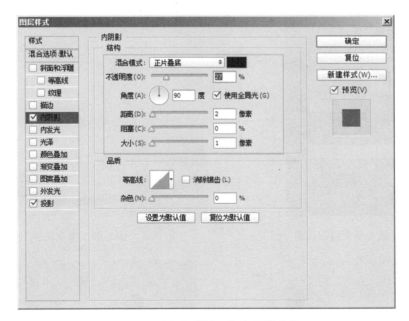

图2-88　设置"快门1"内阴影参数

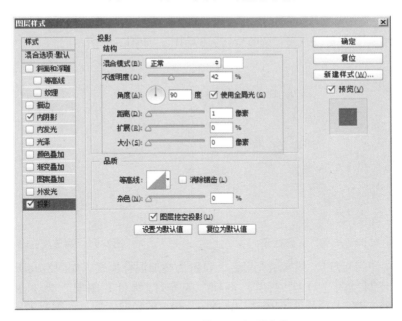

图2-89　设置"快门1"投影参数

Step 02 为"快门2"添加线性渐变填充，渐变面板设置如图2-90所示，填充效果如图2-91所示。

Step 03 为"快门2"添加内阴影和投影效果，如图2-92所示。

Step 04 为"快门3"添加渐变和投影效果，如图2-93所示。

Step 05 运用颜色渐变、内阴影、投影和斜面浮雕效果调整"调节旋钮"的光影关系，效果如图2-94所示。

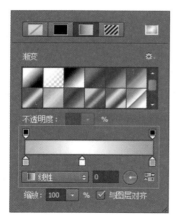

图2-90　线性渐变填充设置

图2-91　渐变效果

图2-92　快门2内阴影和投影效果

图2-93　快门3渐变和投影效果

Step 06 绘制出刻度，完成"调节旋钮"的制作，如图2-95所示。

图2-94　"调节旋钮"光影效果

图2-95　调节旋钮刻度

Step 07 将"闪光灯1"图层填充黑色，设置为叠加混合模式，如图2-96所示。

Step 08 复制"闪光灯2"图层，得到"闪光灯2拷贝"图层。为该图层添加浅蓝色（RGB：94、155、255）到蓝色（RGB：0、61、130）的径向渐变，如图2-97所示。

图2-96　叠加混合模式效果

图2-97　径向渐变效果

Step 09 用画笔绘制出高光、中间色和反光部分。然后，为"闪光灯2拷贝"图层添加一个淡淡的内阴影，完成闪光灯效果的绘制，如图2-98所示。

5. 制作镜头效果

Step 10 选中"镜头旋钮透视"图层，按照图2-99所示参数添加渐变效果，制作出凹凸的感觉，效果如图2-100所示。

图2-98 绘制光影效果

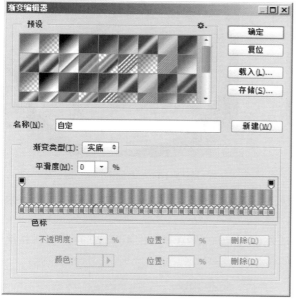

图2-99 设置"镜头旋钮透视"渐变参数

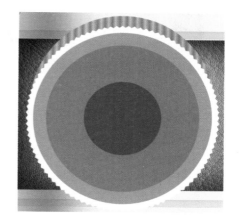

图2-100 渐变效果

Step 11 为"镜头旋钮透视"图层添加投影效果，具体参数设置如图2-101所示。

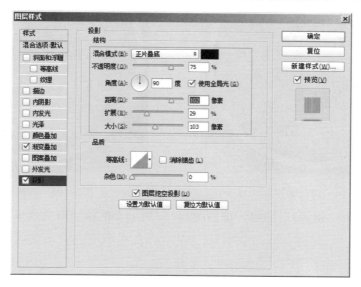

图2-101 设置"镜头旋钮透视"投影参数

Step 12 选择"镜头旋钮"图层，添加径向渐变，制作金属光泽效果，如图2-102所示。

Step 13 为"镜头旋钮"图层添加"内阴影"和"投影"效果，提高镜头旋钮的层次感，如图2-103所示。

图2-102　添加径向渐变

图2-103　添加内阴影和投影

Step 14 选中"镜头1"图层，填充深灰色（RGB：89、89、92），并添加内阴影效果，如图2-104所示。

Step 15 复制"镜头1"图层，缩小填充深蓝色（RGB：35、40、70），复制并粘贴Step14中的阴影效果，使镜头具有层次感，如图2-105所示。

图2-104　内阴影效果1

图2-105　内阴影效果2

Step 16 选中"镜头3"图层，按照图2-106所示参数添加渐变效果，效果如图2-107所示。

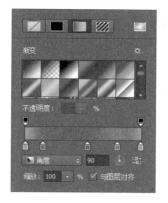

图2-106 设置"镜头3"渐变参数

图2-107 渐变效果

Step 17 将"镜头3"进行羽化处理，羽化值设置为15像素，如图2-108所示。效果如图2-109所示。

图2-108 设置羽化参数

图2-109 羽化效果

Step 18 复制"镜头3"图层，将得到的复制图形放大，同时增大羽化值，制作出如图2-110所示效果。

Step 19 在"镜头3"图层下方绘制一个黑色的圆环图形，大小和位置如图2-111所示。

图2-110 复制图形

图2-111 绘制圆环图形

Step 20 为"镜头2"图层填充深绿色（RGB：30、34、34），效果如图2-112所示。

Step 21 在镜头最上层新建图层，将新建的图层命名为"光圈"。绘制矩形选区，并填充白色，大小和位置如图2-113所示。

图2-112 填充颜色

图2-113 填充矩形选区

Step 22 选择"滤镜"→"渲染"→"纤维"命令，为矩形加上一个纤维效果。

Step 23 选择"滤镜"→"模糊"→"径向模糊"命令，然后按【Ctrl+F】组合键再次重复运用效果，使效果变得更细腻，如图2-114所示。

Step 24 运用色阶调整明暗关系，使对比更加强烈。将"光圈"图层的混合模式变为"叠加"，旋转至图2-115所示位置。

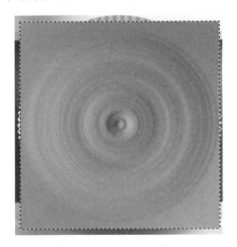

图2-114 纤维滤镜效果

图2-115 叠加效果

Step 25 运用图层蒙版减去多余的部分，按【Ctrl+J】组合键复制一层，增强效果，如图2-116所示。

Step 26 运用叠加和渐变为镜头增加质感，如图2-117所示。

图2-116　蒙版效果

图2-117　叠加和渐变效果

Step 27 绘制一个黑色小圆，降低不透明度，放在镜头的中心位置，如图2-118所示。

Step 28 为镜头添加光线效果，增强质感，如图2-119所示。

图2-118　绘制黑色小圆

图2-119　增加光线效果

Step 29 在最上层为镜头添加一个光晕效果，如图2-120所示。

图2-120　添加光晕效果

Step 30 至此"照相机写实图标"绘制完成，按【Ctrl+S】组合键将文件保存在指定文件夹。

基础操练

一、判断题

1. Android系统平台按照像素密度将手机屏幕进行等级划分，其中XHDPI属于高密度屏幕。 （　　）

2. HDPI主菜单图标尺寸为96×96像素。 （　　）

3. iPhone 7手机APP Store中的图标尺寸应为512×512像素。 （　　）

4. 在iPhone系列图标中1 024×1 024像素尺寸的图标圆角为180像素。 （　　）

5. 设计手机图标时，像素分辨率不能低于300像素，这样图标才不会失真。 （　　）

二、选择题

1. 以下选项中，属于Android系统平台手机屏幕密度等级的是（　　）。

    A. LDPI   B. MDPI   C. HDPI   D. SDPI

2. 下面的选项中，属于图标设计基本原则的是（　　）。

    A. 可识别性原则   B. 差异化原则   C. 风格统一原则   D. 拟物化原则

3. 下面的选项中，关于"图标"描述正确的是（　　）。

    A. 在APP设计中，图标指的是程序启动图标

    B. 在APP设计中，图标指的是状态栏图标

    C. 在APP设计中，图标指的是导航图标

    D. 在APP设计中，图标指的是一切可视范围的图标

4. 下面的选项中，属于HDPI屏幕分辨率参数的是（　　）。

    A. 750×1 334像素   B. 480×800像素

    C. 1 080×1 920像素   D. 640×1 136像素

5. 在iOS系统中，属于APP图标尺寸参数的是（　　）。

    A. 57×57像素   B. 114×114像素   C. 120×120像素   D. 180×180像素

图3-5　单向滑块

单向滑块借用了杆秤的概念，用户可沿着一条轴线滑动滑块，直到到达理想的停止点，整个交互过程十分流畅。

② 双向滑块：双滑块是单滑块的扩展，即滑动轨迹上有两个滑块，用户可以移动滑块来调节低端或高端值，或两者皆调，从而拓宽或缩窄范围，如图3-6所示。

图3-6　双向滑块

2. 按滑块特点分类

滑块可以根据自身的操作特点进行分类：

① 连续滑块：连续滑块没有参数或节点的变化，在不要求精准、以主观感觉为主的设置中使用连续滑块，能够使用户做出更有意义的调整。图3-7所示为一个标准的连续滑块。

② 数值类滑块：这类滑块通常带有可编辑的数值，用于设置精确的数值，可以通过点触缩略图、文本框来进行编辑，如图3-8所示。

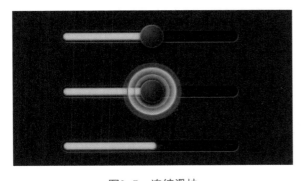

图3-7　连续滑块

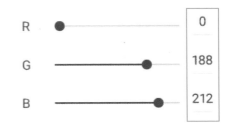

图3-8　数值类滑块

③ 间续滑块：间续滑块会恰好咬合到在滑动条上平均分布的间续标记上。在要求精准、以客观设置为主的设置项中使用间续滑块，让用户做出更有意义的调整，如图3-9所示。

④ 数值标签滑块：用于需要知晓精确数值的设置项，如图3-10所示。

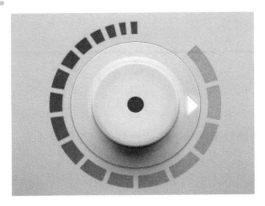

图3-9　间续滑块

图3-10　数值标签滑块

3.1.3　滑块的设计要点

滑块的设计有很多需要注意的细节。例如，滑动块和滑动轨迹的比例、滑动块形状、数值间隔、颜色搭配等，这些因素都会影响滑块的可用性。因此，在设计滑块的过程中，要充分考虑各种因素。

1. 比例

在大多数滑块设计中，以滑动块能覆盖滑动轨迹为佳，这样可以聚焦视点，方便用户的调整和控制。

2. 滑动块形状

滑动块形状多以圆形、方形、正三角形等规则形状为主，但特殊要求下也可以应用其他形状。

3. 颜色搭配

在进行滑块设计时，滑动块和滑动条应采用饱和度较高、较为突出的颜色着重显示，而滑动轨迹则可以采用饱和度相对较低的颜色，如图3-11和图3-12所示。

图3-11　滑块颜色设计1

图3-12　滑块颜色设计2

4．滑块状态设计

为了提高用户体验，在不同操作状态下，滑块也需要不同的显示状态。图3-13所示为音量调节滑块。

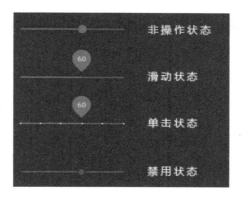

图3-13　音量调节滑块

需要注意的是，在设计滑块过程中，有些状态必须保留，例如禁用状态，有的状态可以省略，例如滑动状态和单击状态。

3.2【任务4】音量调节滑块设计

在一些音乐或游戏类的APP应用软件中，经常会运用滑块控制音量大小，采用这样的方式既便于操作，又能够美化界面，提升用户体验。

3.2.1　任务描述

本任务是设计一款音量调节滑块，要求采用连续滑块的设计类型，突出滑块的层次感，完成最终的设计，设计效果如图3-14所示。通过本任务的学习，读者可以了解连续滑块的特点，掌握音量调节滑块的设计方法。

图3-14　音量调节滑块最终效果

3.2.2　思路剖析

在设计音量调节滑块时，可以从设计风格、形状和颜色搭配等几方面进行分析。

1．设计尺寸和风格

通常滑块的设计尺寸比较随意，只要能满足设计需求就好。本任务采用微扁平的设计风格，通过较淡的内阴影和投影，让滑块的交互效果更加突出。

2．形状设计

根据设计要求，需采用连续滑块进行设计，这就要把握连续滑块的特点，即无参数和节点的变化。因此，可以运用长条的圆角矩形作为滑动轨迹，如图3-15所示。

图3-15　圆角矩形

而滑动条和滑动块的设计，则可以运用斜面浮雕、内阴影、渐变、投影等图层样式效果，突出滑块的层次感。

3．颜色搭配

根据滑块的设计要点，滑动块和滑动条颜色饱和度较高，滑动轨迹饱和度较低。本任务采用深灰色(RGB：30、31、34)作为滑动轨迹的颜色，绿色(RGB：145、183、60)作为滑动条的颜色，深黄色(RGB：212、175、60)到浅黄色(RGB：250、214、101)作为滑动块颜色。

3.2.3　任务实现

1．绘制滑动轨迹

Step 01 打开Photoshop CC软件，按【Ctrl+N】组合键，在"新建"对话框中设置"名称"为"音量调节滑块设计"，"宽度"为750像素，"高度"为750像素，"分辨率"为72像素/英寸，"颜色模式"为RGB颜色，"背景内容"为绿色(RGB：145、183、60)。单击"确定"按钮，完成画布的新建。

Step 02 运用"圆角矩形工具"，绘制一个宽度为650像素和高度为20像素，圆角半径为10像素的圆角矩形，得到"圆角矩形1"图层，填充灰色(RGB：30、31、34)。

Step 03 为"圆角矩形1"图层添加内阴影效果，设置角度为90度，具体参数设置如图3-16所示。

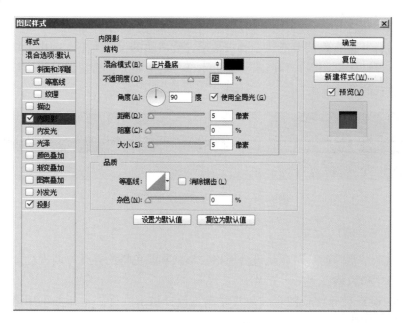

图3-16　设置内阴影参数

Step 04 为"圆角矩形1"图层添加投影效果，设置混合模式为"正常"，角度为90度，不透明度为50%。具体参数设置如图3-17所示。此时滑动轨迹效果如图3-18所示。

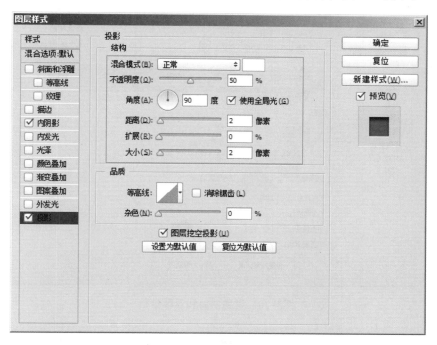

图3-17 设置投影参数

图3-18 滑动轨迹

2．绘制滑动条

Step 01 运用"圆角矩形工具" ▢，绘制一个宽度为278像素，高度为14像素，圆角半径为7像素的圆角矩形，得到"圆角矩形2"图层，填充浅绿色（RGB：179、218、93），如图3-19所示。

图3-19 绘制圆角矩形

Step 02 为"圆角矩形2"图层添加斜面和浮雕，设置深度为50%，大小为10像素，具体参数设置如图3-20所示。效果如图3-21所示。

3．绘制滑动块

Step 01 运用"圆角矩形工具" ▢，绘制一个圆角矩形，填充深黄色（RGB：212、175、60）到浅黄色（RGB：250、214、101）的线性渐变，如图3-22所示。填充效果如图3-23所示。

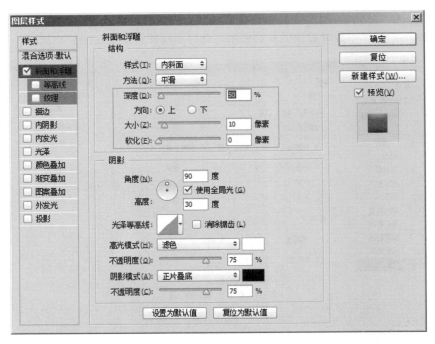

图3-20　设置斜面和浮雕参数

图3-21　斜面和浮雕效果

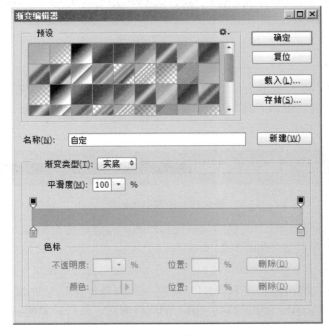

图3-22　设置渐变参数

Step 02 运用"圆角矩形工具"■，绘制一个较小的圆角矩形，大小和位置如图3-24所示。

图3-23　渐变效果

图3-24　较小的圆角矩形

Step 03 为小圆角矩形添加深黄色（RGB：214、177、62）到浅黄色(RGB: 247、202、83)的线性渐变。设置渐变角度为-90度，如图3-25所示，效果如图3-26所示。

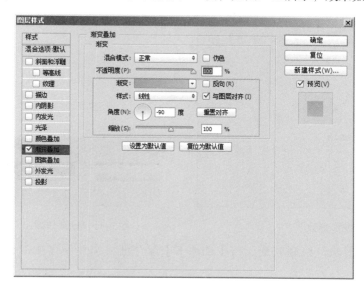

图3-25　设置渐变叠加参数

图3-26　渐变效果

Step 04 为小圆角矩形添加内发光效果，参数设置如图3-27所示，效果如图3-28所示。

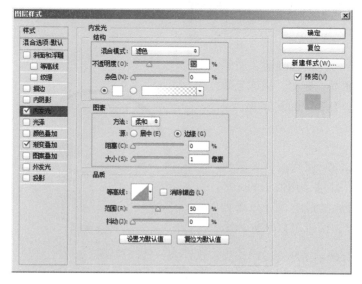

图3-27　设置内发光参数

图3-28　内发光效果

Step 05 运用"矩形工具",绘制3个小矩形,填充深黄色(RGB:200、136、19),大小和位置如图3-29所示。

Step 06 设置矩形的不透明度为60%,并添加白色投影,设置投影角度为180度,具体参数设置如图3-30所示。效果如图3-31所示。

图3-29 绘制3个小矩形

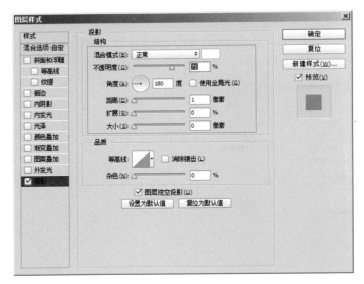

图3-30 设置投影参数

图3-31 投影效果

Step 07 至此"音量调节滑块"绘制完成,按【Ctrl+S】组合键将文件保存在指定文件夹。

3.3 【任务5】金属质感旋钮滑块设计

旋钮滑块设计不仅要形式美观、颜色协调,质感的表现也尤其重要,比如常见的水晶、金属、果冻等效果,这些精美的设计可以极大地提升界面的友好度。

3.3.1 任务描述

本任务是设计一款金属质感的旋钮滑块,要求色彩形象强烈、视觉冲击力比较大,能够运用恰当的光影效果突出滑块的层次感。旋钮滑块的最终设计效果如图3-32所示。通过本任务的学习,读者可以掌握微金属质感旋钮滑块的设计技巧。

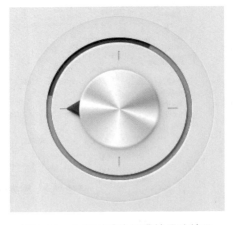

图3-32 金属质感旋钮滑块最终效果

3.3.2　思路剖析

在设计音量调节滑块时，可以从设计风格、形状和颜色搭配等几方面进行分析。

1. 设计风格

本任务采用微扁平的设计风格，通过较淡的内阴影和投影，突出滑块的层次感。

2. 形状设计

旋钮滑块以圆形为主，因此可以运用圆形、圆环进行组合搭配。

① 滑动轨迹和滑动条：可以运用"椭圆工具"和形状的布尔运算制作的圆环作为滑动轨迹和滑动条。

② 滑动块：可以运用"椭圆工具"和"多边形工具"拼合外形。

3. 颜色搭配

由于任务要求色彩形象强烈、视觉冲击力比较大，因此可以运用对比较为明显的颜色。

① 背景：可以运用浅灰色(RGB: 240、240、240)色调，突出旋钮的柔和、高雅。

② 滑动轨迹：可以运用渐变的深灰色色调，即和背景有鲜明的对比，突出层次感，又不会和滑动条的饱和度较高的颜色起冲突。

③ 滑动条：可以运用桃红色(RGB: 255、55、150)背景，突出显示。

④ 滑动块：可以用灰色和中灰色的角度渐变制作金属质感效果。

3.3.3　任务实现

1. 制作背景

Step 01 打开Photoshop CC软件，按【Ctrl+N】组合键，在"新建"对话框中设置"名称"为"金属质感旋钮滑块设计"，"宽度"为386像素，"高度"为386像素，"分辨率"为72像素/英寸，"颜色模式"为RGB颜色，"背景内容"为灰色(RGB: 230、230、230)。

Step 02 选择"椭圆工具"，创建一个宽度和高度均为238像素的正圆形状，填充任意颜色（为了便于识别），如图3-33所示。在"图层"面板中，设置"填充"为0%。

Step 03 为正圆形添加"描边"图层样式，设置"描边"的"大小"为1像素，"位置"为内部，"不透明度"为8%，具体参数设置如图3-34所示。

图3-33　绘制正圆

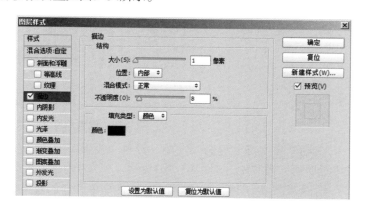

图3-34　设置描边参数

Step 04 选择"内发光"选项，设置"内发光"的"混合模式"为正常，"不透明度"为4%，"内发光颜色"为黑色，"大小"为16像素，"等高线"的设置如图3-35所示，"范围"

为100%，具体设置如图3-36所示。

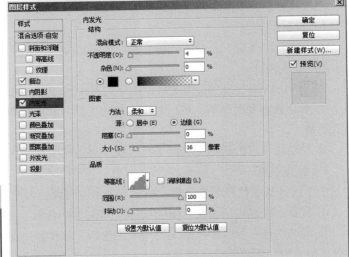

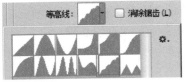

图3-35　设置等高线　　　　　　　图3-36　设置内发光参数

Step 05 选择"外发光"选项，设置"外发光"的"混合模式"为正常，"不透明度"为38%，"外发光颜色"为白色，"大小"为1像素，具体设置如图3-37所示。

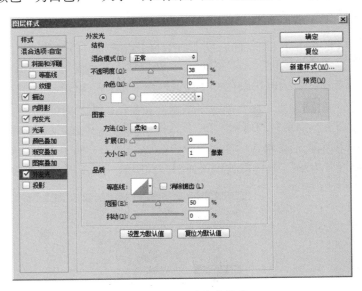

图3-37　设置外发光参数

Step 06 选择"投影"选项，设置"投影"的"混合模式"为正常，"颜色"为白色、"不透明度"为37%，"距离"为1像素，"大小"为1像素，具体设置如图3-38所示。

Step 07 单击"确定"按钮，添加图层样式后的效果如图3-39所示。

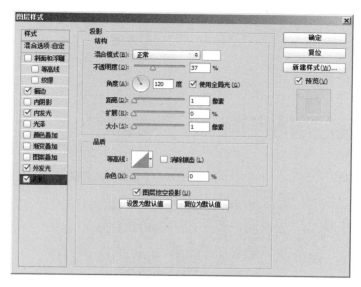

图3-38　设置投影参数

图3-39　图层样式效果

2. 制作滑动轨迹

Step 01 选择"椭圆1"，按【Ctrl+J】组合键，复制得到"椭圆1 拷贝"图层。将"椭圆1 拷贝"图层的"图层样式"的效果删除，如图3-40所示。

Step 02 在"图层"面板中，设置"填充"为100%。将"椭圆1 拷贝"图层等比缩小，大小如图3-41所示。按【Enter】键确定自由变换。

图3-40　删除效果

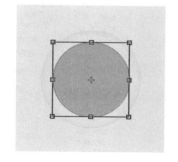

图3-41　等比缩小

Step 03 按【Ctrl+J】组合键，复制得到"椭圆1 拷贝2"。按【Ctrl+T】组合键，再次进行等比缩小，如图3-42所示。按【Enter】键确定自由变换。

Step 04 在"图层"面板中，同时选中"椭圆1 拷贝"和"椭圆1 拷贝2"。按【Ctrl+E】组合键，将其合并得到"椭圆1 拷贝2"。

Step 05 选择"路径选择工具"▣，单击选中"椭圆1 拷贝2"中略小的路径形状，如图3-43所示。在选项栏中的"路径操作"▣中选择"减去顶层形状"按钮▣，此时画面效果如图3-44所示。

Step 06 在选项栏中的"路径操作"▣中选择"合并形状组件"按钮▣，在打开的对话框中单击"是"按钮，此时画面效果如图3-45所示。

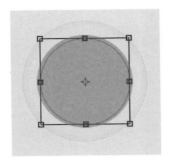

图3-42　复制并进行等比缩小

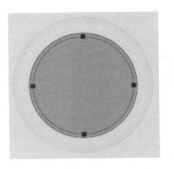

图3-43　选择形状路径

图3-44　"减去顶层形状"操作

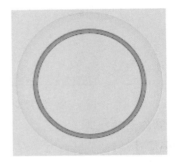

图3-45　"合并形状组件"操作

Step 07 为"椭圆1 拷贝2"图层添加内阴影，具体参数设置如图3-46所示。

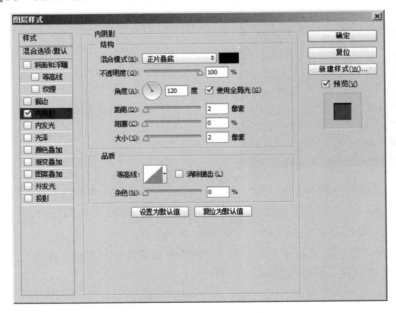

图3-46　设置内阴影参数

Step 08 选择"渐变叠加"选项，单击"渐变"右侧的颜色条，弹出"渐变编辑器"，设置渐变效果，如图3-47所示。设置"渐变叠加"的"样式"为角度、"角度"为0，如图3-48所示。

RGB:40、40、40　　　RGB:80、80、80　　　RGB:40、40、40

图3-47　渐变颜色条

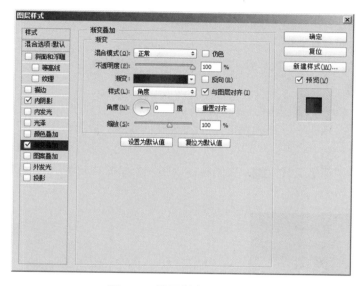

图3-48　设置渐变叠加参数

Step 09 选择"投影"选项，设置"投影"的"混合模式"为正常、"距离"为2像素、"大小"为2像素，如图3-49所示。

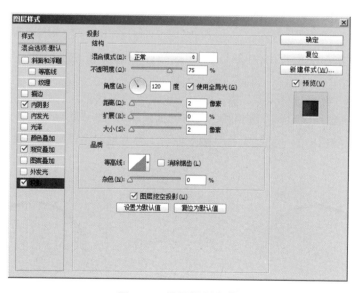

图3-49　设置投影参数

Step 10 单击"确定"按钮，添加图层样式后效果如图3-50所示。

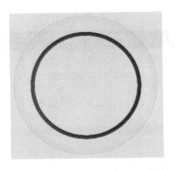

图3-50　增加"图层样式"后的效果

3. 制作滑动条

Step 01　按【Ctrl+J】组合键，复制得到"椭圆1 拷贝3"。在"图层"面板中，右击"椭圆1 拷贝3"下方的"效果"，在弹出的菜单列表中，选择"清除图层样式"命令，如图3-51所示。

Step 02　选择"钢笔工具" ，在画布中绘制一个如图3-52所示的形状，得到"形状1"图层。

图3-51　清除图层样式

图3-52　钢笔工具绘制形状

Step 03　在"图层"面板中，同时选中"椭圆1 拷贝3"和"形状1"，按【Ctrl+E】组合键，将其合并。

Step 04　选择"路径选择工具" ，单击选中钢笔绘制的形状，然后在选项栏中的"路径操作" 中单击"减去顶层形状"按钮 ，此时画面效果如图3-53所示。

Step 05　在选项栏中的"路径操作" 中单击"合并形状组件"按钮 ，此时画面效果如图3-54所示。

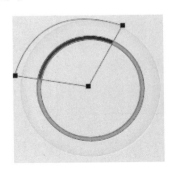

图3-53　减去顶层形状

图3-54　合并形状组件

Step 06 为"形状1"叠加桃红色（RGB：255、55、150），如图3-55所示。

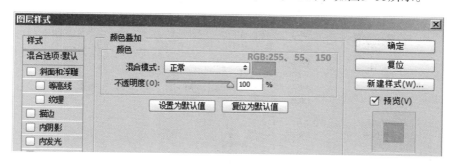

图3-55　"颜色叠加"设置

Step 07 在"图层"面板中，选择"椭圆1 拷贝2"，按【Ctrl+J】组合键，复制得到"椭圆1 拷贝3"。调整"椭圆1 拷贝3"的图层顺序在"形状1"之上。

Step 08 在"图层"面板中，设置"椭圆1 拷贝3"的"不透明度"为50%、"填充"为0%。单击其"渐变叠加"名称前的眼睛图标，隐藏"渐变叠加"效果，如图3-56所示。

图3-56　"图层样式"效果

4．制作滑动块

Step 01 选择"矩形工具"，在画布中绘制一个灰色（RGB：200、200、200）矩形作为刻度，得到"矩形1"，如图3-57所示。

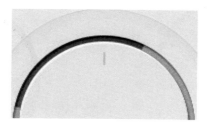

图3-57　绘制矩形

Step 02 为"矩形1"添加"斜面和浮雕"样式，设置"阴影模式"的"颜色"为灰色（RGB：170、170、170），具体参数设置如图3-58所示。单击"确定"按钮，添加图层样式后，效果如图3-59所示。

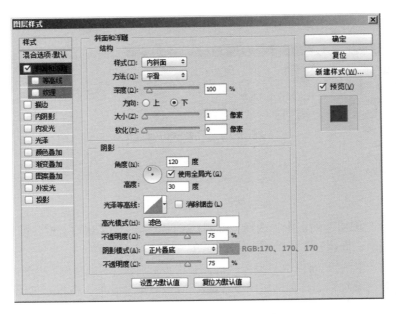

图3-58   设置斜面和浮雕参数

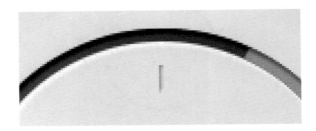

图3-59   "斜面和浮雕"效果

Step 03 复制"矩形1"图层，排列至图3-60所示样式。

Step 04 选择"多边形工具" ⬡，在其选项栏中设置"边数"为3，在画布中绘制一个三角形形状，如图3-61所示。

图3-60   复制矩形图层

图3-61   三角形形状

Step 05 为三角形添加"斜面和浮雕"样式，设置"斜面和浮雕"的"光泽等高线"，如图3-62所示，其他参数如图3-63所示。

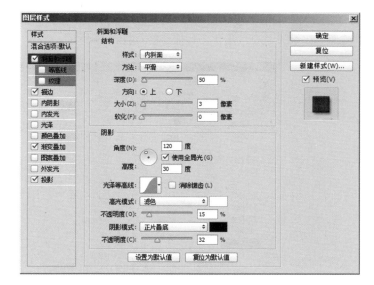

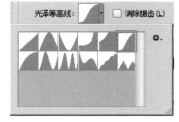

图3-62　设置光泽等高线　　　　　　　　　　　图3-63　设置斜面和浮雕参数

Step 06 单击"描边"选项，设置"大小"为1像素，"不透明度"为62%，具体参数如图3-64所示。

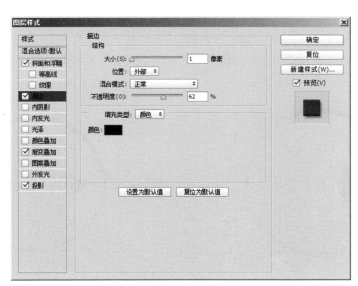

图3-64　设置描边参数

Step 07 单击"渐变叠加"选项，单击"渐变"右侧"渐变颜色条"，在弹出的"渐变编辑器"中设置渐变，如图3-65所示，单击"确定"按钮。

RGB:20、20、20　　　　　RGB:50、50、50　　　　　RGB:20、20、20

图3-65　设置渐变效果

Step 08 单击"投影"选项，设置"混合模式"为正常，"不透明度"为50%，"距离"为5像素，"大小"为5像素，具体参数如图3-66所示。

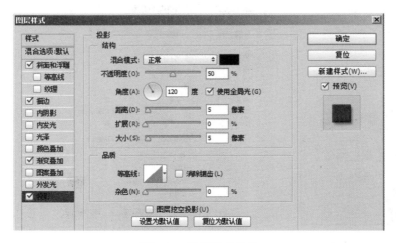

图3-66　设置投影参数

Step 09 单击"确定"按钮，添加图层样式后的效果如图3-67所示。

Step 10 在"图层"面板中，选择"椭圆1"。按【Ctrl+J】组合键，得到"椭圆1拷贝"。调整"椭圆1拷贝"图层顺序到所有图层之上。

Step 11 在"图层"面板中，调整"椭圆1拷贝"的"填充"为100%。按【Ctrl+T】组合键，弹出定界框。按【Alt+Shift】组合键的同时，向内拖动角点将其等比缩小，大小如图3-68所示。按【Enter】键确定自由变换。

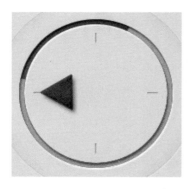

图3-67　添加图层样式后的效果

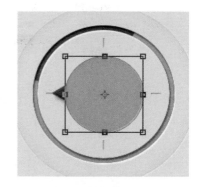

图3-68　等比缩小

Step 12 为"椭圆1拷贝"图层添加"斜面和浮雕"选项，设置"斜面和浮雕"的"大小"为3像素，"高光模式"的"不透明度"为100%，"阴影模式"的"不透明度"为19%，参数设置如图3-69所示。

Step 13 分别单击"描边"和"内发光"选项前面的☑图标，停用其样式效果。

Step 14 单击"渐变叠加"选项，单击"渐变"右侧颜色条，弹出"渐变编辑器"，设置"渐变"效果，如图3-70所示，单击"确定"按钮。设置"样式"为角度，"角度"为13度，具体参数如图3-71所示。

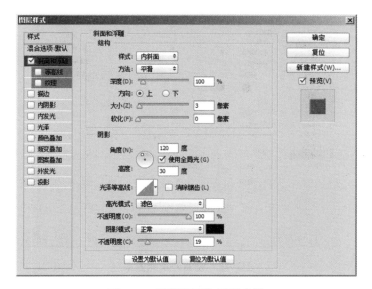

图3-69 设置斜面和浮雕参数

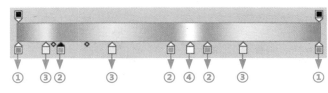

①RGB:170、170、170
②RGB:200、200、200
③RGB:250、250、250
④RGB:255、255、255

图3-70 设置渐变效果

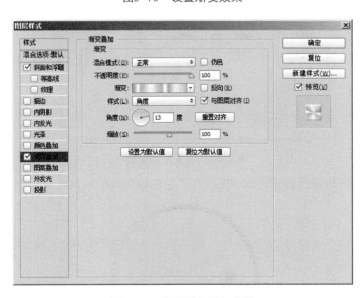

图3-71 设置渐变叠加参数

Step 15 单击"外发光"选项，设置"不透明度"为10%，"颜色"为黑色，"大小"为5像素，具体参数如图3-72所示。

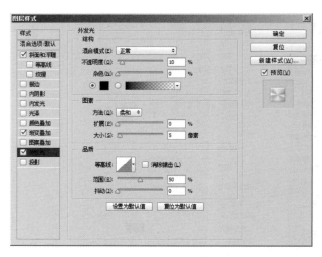

图3-72 设置外发光效果

Step 16 单击"投影"选项,设置"混合模式"为"正片叠底","不透明度"为12%、取消"使用全局光","距离"为6像素,"大小"为15像素,具体参数如图3-73所示。

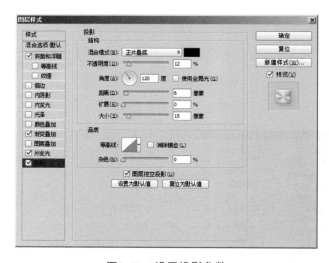

图3-73 设置投影参数

Step 17 单击"确定"按钮,添加图层样式后的效果如图3-74所示。

图3-74 添加图层样式后的效果

Step 18 至此"旋钮滑块设计"绘制完成，按【Ctrl+S】组合键将文件保存在指定文件夹。

3.4 【任务6】极简风格滑块设计

在现代设计中，极简风格设计正在成为当代人的审美标准，本着简单、易用、便于传达的原则，极简风格摒弃了复杂的光影效果、线条，使呈现的内容更为突出，如图3-75和图3-76所示。在APP设计中，极简风格隶属于扁平设计，但是却比扁平化设计更为纯粹。

图3-75 极简设计1

图3-76 极简设计2

3.4.1 任务描述

本任务是设计一款极简风格的滑块，要求滑块构造简单，易于操作和识别。滑块的最终设计效果如图3-77所示。通过本任务的学习，读者可以熟悉极简风格设计技巧，掌握不同状态滑块的设计方法。

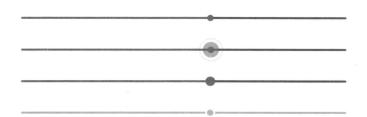

图3-77 极简风格滑块最终效果

3.4.2 思路剖析

极简风格旨在突出一个"极"字，因此在设计时往往需要精炼到极致，把需求把握得极其精准，同时具有更强的针对性。

1. 图形构造

可以运用简单的线和圆形，组成一个滑块，将滑块的简约设计到极致。

2. 颜色运用

可以运用灰色、蓝两色表示不同的操作状态，使用户通过颜色差别，能够立即辨识当前滑块的状态。

3. 状态的设置

不同操作状态下的滑块，可以提高用户体验，便于用户的识别和操作。本任务将分别设计非操作状态、调节状态、单击状态和禁用状态下的滑块设计。

3.4.3　任务实现

1. 制作非操作状态下的滑块

Step 01 打开Photoshop CC软件，按【Ctrl+N】组合键，在"新建"对话框中设置"名称"为"极简风格滑块设计"，"宽度"为750像素，"高度"为750像素，"分辨率"为72像素/英寸，"颜色模式"为RGB颜色，"背景内容"为白色。

Step 02 运用"圆角矩形工具" ，绘制一个宽度为600像素和高度为4像素，圆角半径为2像素的圆角矩形，得到"圆角矩形1"图层，填充灰色（RGB：102、102、102），如图3-78所示，作为滑动轨迹。

图3-78　绘制圆角矩形

Step 03 复制"圆角矩形1"图层，填充蓝色（RGB：0、135、255），缩缩短至图3-79所示样式，完成滑动条的绘制。

图3-79　复制圆角矩形

Step 04 绘制一个宽度和高度均为12像素的正圆形，填充蓝色（RGB：0、135、255），作为滑动块，如图3-80所示。

图3-80　绘制正圆形

Step 05 按【Ctrl+G】组合键，将上面绘制的滑块图形进行编组，命名为"非操作状态"。

2. 制作调节状态下的滑块

Step 01 复制"非操作状态"图层组，下移至图3-81所示位置，将图层组命名为"调节状态"。

图3-81　复制图层组

Step 02 进入"调节状态"图层组中，在"椭圆1"图层上绘制一个宽和高均为30像素的正圆，填充蓝色（RGB：0、135、255），设置不透明度为50%，如图3-82所示。

图3-82　绘制正圆形1

Step 03 绘制一个宽和高均为44像素的正圆形，设置填充为无，描边为蓝色（RGB：0、135、255），不透明度为20%，如图3-83所示。

图3-83　绘制正圆形2

3. 制作单击状态下的滑块

Step 01 复制"非操作状态"图层组，下移至图3-84所示位置，将图层组命名为"单击状态"。

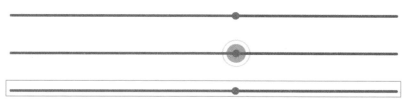

图3-84　复制图层组单击状态

Step 02 进入"单击状态"图层组中，将"椭圆1"宽和高调整至18像素，如图3-85所示。

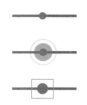

图3-85　调整宽高

4. 制作禁用状态下的滑块

Step 01 复制"非操作状态"图层组，下移至图3-86所示位置，将图层组命名为"禁用状态"。

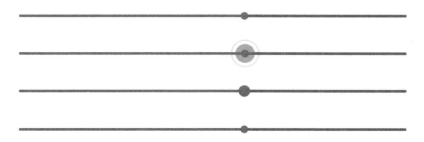

图3-86　复制图层组禁用状态

Step 02 进入"禁用状态"图层组中,隐藏"圆角矩形1拷贝"图层。

Step 03 将"圆角矩形1"图层和"椭圆1"图层分别填充浅灰色(RGB:187、187、187),如图3-87所示。

图3-87 填充颜色

Step 04 运用形状的布尔运算,将"圆角矩形1"图层修建至图3-88所示样式。

图3-88 形状的布尔运算

Step 05 至此"极简风格滑块"绘制完成,按【Ctrl+S】组合键将文件保存在指定文件夹。

基础操练

一、判断题

1. UI设计中的滑块都是由滑动条、滑动轨迹和滑动块三部分构成。 ( )

2. 在UI设计中,滑块根据操作方式可以分为单向滑块、双向滑块和旋转式滑块。

( )

3. 在UI设计中,连续滑块没有参数或节点的变化。 ( )

4. 在"渐变工具"的选项栏中,渐变类型从左到右依次为线性渐变、径向渐变、角度渐变、对称渐变和菱形渐变。 ( )

5. 在Photoshop中使用渐变工具创建渐变效果时,选择其"仿色"选项的原因是用较小的带宽创建较平滑的渐变效果。 ( )

二、选择题

1. 下列选项中,关于添加图层样式的方法描述正确的是( )。

    A. 单击"图层"面板下方的"添加图层样式"按钮

    B. 选择"图层"→"图层样式"→"混合选项"命令

    C. 双击需要添加图层样式图层的空白处

    D. 在需要添加图层样式的图层上右击,选择"混合选项"命令

2. 以下选项,不属于图层样式选项的是( )。

    A. 混合选项   B. 投影   C. 外发光   D. 扩展

3. 下面的选项中,关于"图标"描述正确的是( )。

    A. 在APP设计中,图标指的是程序启动图标

    B. 在APP设计中,图标指的是状态栏图标

    C. 在APP设计中,图标指的是导航图标

D. 在APP设计中，图标指的是一切可视范围的图标

4. 在Photoshop中，运用"自由变换"可以对图像实现下列（　　）效果。

　　A. 缩放

　　B. 旋转

　　C. 斜切

　　D. 分割

5. 在Photoshop渐变编辑器中，如果想要删除某个色标，可以通过以下（　　）选项实现？

　　A. 将该色标拖出渐变颜色条即可

　　B. 单击选中该色标，然后按下【Delete】键

　　C. 选中该色标，然后单击"渐变编辑器"窗口下方的"删除"按钮

　　D. 选中该色标，然后按【Tab】键

第 **4** 章

按钮设计

学习目标	☑ 了解按钮设计基础知识，能够设计符合规范的按钮。
	☑ 掌握按钮设计技巧，能够制作出不同风格的按钮图标。

　　按钮是APP界面设计中不可或缺的控件，通过点击按钮，可以启动APP中的某项功能或者实现页面间的跳转。在各类APP应用程序中都少不了按钮的参与。本章将通过"色块按钮设计""渐变质感按钮设计""水晶按钮设计"3个对比任务，详细讲解按钮的设计技巧。

4.1 按钮设计基础知识

在进行按钮设计之前，首先需要了解按钮设计基础知识，这样才能高标准、高效率、高质量地完成设计工作。本节将从按钮的表现状态及按钮的设计技巧等方面，对按钮的基础知识进行详细讲解。

4.1.1 按钮的不同状态

由于按钮是用户在执行某项操作时直接接触的对象，通过按钮的不同状态可以为用户提供最直接的反馈信息，让用户明白自己做了什么。在按钮的设计中通常需要制作出4种不同的状态，如图4-1所示。

不同状态下按钮的含义如下：

① 默认状态：指按钮的默认外观或静止时的外观。

② 悬浮状态：当滑过按钮时该按钮的外观，此状态提醒用户滑过按钮时可能会引发一个动作。

③ 按下状态：指按下该按钮时的外观，表示控件当前已被选中。

④ 禁用状态：指按钮未启用且无法使用。

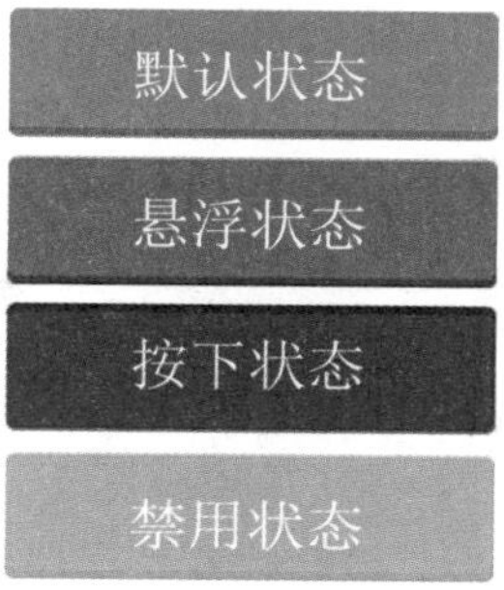

图4-1 按钮状态

4.1.2 按钮设计技巧

在设计按钮时，往往需要考虑按钮的设计风格、外形、色调等诸多因素。掌握正确的设计技巧，可以帮助设计师快速和高效地完成按钮的设计。通常按钮的设计技巧主要包括以下几方面：

1. 匹配品牌

按钮设计中非常重要的一点就是与它的使用环境相匹配。这意味着在按钮的设计过程中也需要选择特定的色彩、形状，或从目标品牌的设计理念及Logo中汲取灵感。需要以目标品牌为依据来决定按钮的形状、材质和风格，如图4-2所示。

2. 匹配风格

在按界面设计中设计师要对界面风格做整体把握，这样对界面中按钮的设计运用就要有一定的要求，按钮与界面设计风格相匹配是按钮设计中最基本的要求，如图4-3所示。

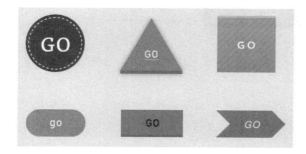

图4-2 匹配品牌

图4-3 匹配风格

3. 突出对比度

在界面设计中，按钮的重要性不容忽视，漂亮的按钮可以直接吸引用户点击。因此在设计中，设计师往往会利用色彩、形状、字体等不同元素，赋予按钮独特的视觉效果，使它们能与界面中的其他元素清晰地区别开，如图4-4所示。

图4-4　突出对比度

4. 描边颜色的设置

人们见到的大多数按钮都或多或少地使用了描边效果。通常情况下，如果按钮的颜色比背景色更暗，那么应使用比按钮颜色暗的描边效果。如果是相反的情形，那么应使比背景色偏暗的描边效果，如图4-5所示。

图4-5　描边颜色的设置

5. 巧用小图标

按钮设计中添加简洁微小的图标往往会发挥意想不到的作用。例如，一个指向右边的箭头图标可能会让用户觉得点击它会离开页面或打开一个新页面。而一个指向下方的箭头则可能会给用户这样的信息，即点击它可以打开一个下拉菜单或查看隐藏的内容，如图4-6所示。

图4-6　巧用小图标

6. 按钮主次分明

如果在界面设计中需要展示很多选项和功能，那么使用不同的视觉效果为按钮划分级别就显得尤为必要。对最重要的按钮应使用最强烈，最鲜艳的色彩，对其他的按钮应按重要程度次第削弱色彩效果。在其他方面也一样，对于二级、三级按钮应该在大小、字号和特效等方面做相应调整，如图4-7所示。

图4-7　主次分明

7. 尺寸规格

由于在APP界面设计中所有能点击的图片尺寸不能小于44×44像素。因此，设计按钮的尺寸应不小于44×44像素，实在小的按钮图片可以切上空白像素来满足需求。还有一点需要引起大家的注意，在APP界面中单独存在的部件尺寸必须是偶数尺寸，所以按钮的宽高尺寸都应设置为偶数。

4.2 【任务7】色块按钮设计

APP扁平化风格的界面设计中多采用色块按钮，色块按钮具有简洁、直观、易用等特性，且色块按钮的设计过程中不掺杂过多的特效，与扁平化的设计风格相协调。

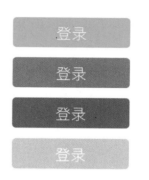

4.2.1 任务描述

本任务是设计一组色块按钮，要求设计出按钮的4种表现状态，且设计风格需保持一致。最终设计效果如图4-8所示，从上到下依次代表默认状态、悬浮状态、按下状态和禁用状态。通过本任务的学习，读者可以掌握色块按钮的基本设计技巧，以及不同状态下按钮的颜色搭配方法。

图4-8 扁平化按钮最终效果

4.2.2 思路剖析

在进行按钮设计之前，首先需要明确设计要求，本任务可以从按钮的形状、颜色的搭配方法和设计风格入手进行分析。

1. 形状

在UI界面中由于按钮的特性不同，形状也多种多样。本任务针对登录按钮进行设计，因此将按钮形状设计为矩形或圆角矩形比较合适，本任务选择采用圆角矩形进行设计。

2. 颜色搭配方法

针对按钮的默认状态、悬浮状态、按下状态这3种状态可采用颜色逐渐加深的配色方法，本任务计划采用红色调进行设计。对于禁用按钮，可根据按钮的特性采用灰色背景。

3. 设计风格

由于色块按钮多用于扁平化风格的设计界面中，因此在设计制作上可以放弃透视、羽化、阴影等特效，体现出扁平化的简单、明快。

4.2.3 任务实现

Step 01 打开Photoshop CC软件，按【Ctrl+N】组合键，在"新建"对话框中设置"名称"为"色块按钮设计"，"宽度"为500像素，"高度"为500像素，"分辨率"为72像素/英寸，"颜色模式"为RGB颜色，"背景内容"为白色。单击"确定"按钮，完成画布的新建。

Step 02 运用"圆角矩形工具"，绘制一个宽度为300像素，高度为80像素，圆角半径为10像素的圆角矩形，填充粉色（RGB：252、153、150）作为按钮背景，如图4-9所示。

Step 03 选择"横排文字工具"，输入文字内容"登录"，然后按【Ctrl+T】组合键，弹出"字符"面板，设置文字属性，如图4-10所示。效果如图4-11所示。

Step 04 对绘制的按钮进行复制，分别修改按钮的背景色为浅红色（RGB：233、66、66）、红色（RGB：215、17、17）和灰色（RGB：212、212、212），效果如图4-12所示。

图4-10　设置字体

图4-9　按钮背景

图4-11　按钮效果

图4-12　复制按钮

Step 05 至此"色块按钮设计"绘制完成，按【Ctrl+S】组合键将文件保存在指定文件夹。

4.3 【任务8】渐变质感按钮设计

在设计制作按钮时，经常会为按钮添加渐变颜色，以增强按钮的质感和视觉冲击力。这类按钮的设计重点在颜色运用和光影效果的制作，因此制作过程中可通过简单的光影关系体现其质感效果。

4.3.1 任务描述

本任务是设计一款渐变质感按钮，要求体现出按钮的光感和渐变效果，因此可采用微扁平的设计风格，按钮的最终设计效果如图4-13所示。通过本任务的学习，读者可以掌握渐变质感按钮的基本设计技巧及简单的光影原理。

图4-13　渐变质感按钮效果

4.3.2 思路剖析

根据本任务的设计要求，可从按钮的形状、颜色及光效的搭配方法和设计风格入手进行分析。

1. 形状

可以采用按钮常用的圆角矩形，作为基本形状。

2. 颜色及光效的搭配方法

针对本任务的设计特点，按钮的背景颜色上可采用同一色调，通过颜色的深浅变换来实现渐变效果。光效方面可通过提亮某一部分的颜色来增添光感，还可在按钮的边角增添高光效果。

3. 设计风格

本任务采用微扁平化设计风格，运用简单的渐变效果配合光影关系，打造微扁平风格的质感按钮。

4.3.3 任务实现

Step 01 打开Photoshop CC软件，按【Ctrl+N】组合键，在"新建"对话框中设置"名称"为"渐变质感按钮设计"，"宽度"为500像素，"高度"为300像素，"分辨率"为72像素/英寸，"颜色模式"为RGB颜色，"背景内容"为白色。单击"确定"按钮，完成画布的新建。

Step 02 将白色背景填充为黑色（RGB：0、0、0）。

Step 03 运用"椭圆工具" ⬭ 绘制一个椭圆形，填充白色（RGB：255、255、255），如图4-14所示。执行"窗口"→"属性"命令，打开"属性"面板，拖动"羽化"滑块，调整圆形的羽化大小至图4-15所示样式。

图4-14 绘制椭圆形   图4-15 羽化椭圆形

Step 04 运用"圆角矩形工具" ▭，绘制一个宽度为300像素，高度为80像素，圆角半径为10像素的圆角矩形，并添加线性渐变填充，渐变角度为90°，滑块位置设置如图4-16所示，效果如图4-17所示。

图4-16 参数设置   图4-17 渐变效果

Step 05 复制Step04中制作的渐变图形，移动到如图4-18所示的位置。

Step 06 选择"橡皮擦工具" ，运用柔边圆笔触的橡皮擦，将Step05中复制的渐变图形的下方边角擦除，使其过渡更柔和，效果如图4-19所示。

图4-18　复制图形

图4-19　擦除效果

Step 07 运用"椭圆工具" 绘制一个正圆形，填充白色（RGB：255、255、255），如图4-20所示。调整圆形的羽化大小至图4-21所示样式。

图4-20　绘制圆形

图4-21　羽化圆形

Step 08 调整羽化图形的图层混合模式为"柔光"，效果如图4-22所示。

图4-22　设置图层混合模式

Step 09 将羽化图形作为"剪贴层"，步骤Step05中复制的矩形作为"基底层"，创建剪贴蒙版（按下【Ctrl+Alt+G】组合键），如图4-23所示。

Step 10 重复步骤Step07~ Step09，制作出如图4-24所示的效果。

图4-23　创建剪贴蒙版1

图4-24　创建剪贴蒙版2

Step 11 选择"圆角矩形工具" ▭，绘制一个宽度为300像素，高度为80像素，圆角半径为10像素的圆角矩形，并设置填充为0%。在"图层样式"对话框中选择"描边"选项，设置参数如图4-25所示。效果如图4-26所示。

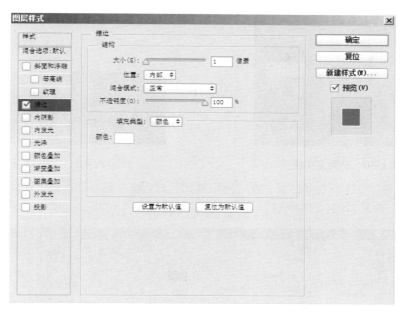

图4-25　设置描边参数

Step 12 选择描边图形所在的图层，右击，选择"栅格化图层样式"命令，并将其移动到和渐变矩形重合的位置，如图4-27所示。

图4-26　描边图形

图4-27　移动描边图形

Step 13 选择描边图形，将其图层混合模式设为"叠加"，效果如图4-28所示。

Step 14 选择"橡皮擦工具" ▱，运用柔边圆笔触的橡皮擦，将描边图形不需要的部分擦除，效果如图4-29所示。

图4-28　设置图层混合模式

图4-29　擦除描边

Step 15 选择"横排文字工具" T，输入文字内容"确认"，然后按【Ctrl+T】组合键，弹出"字符"面板，设置文字属性，如图4-30所示。效果如图4-31所示。

图4-30　设置文字属性

图4-31　添加文字

Step 16 选择文字所在的图层，在"图层样式"对话框中选择"投影"选项，设置参数，如图4-32所示。效果如图4-33所示。

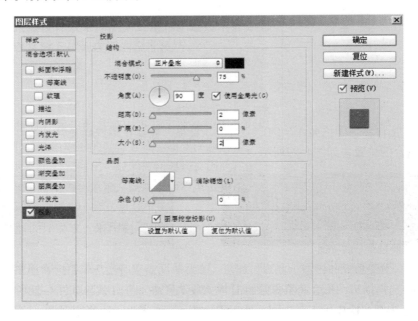

图4-32　设置投影参数

图4-33　投影效果

Step 17 至此"渐变质感按钮设计"绘制完成，按【Ctrl+S】组合键将文件保存在指定文件夹。

4.2 【任务9】水晶按钮设计

水晶按钮可透出按钮的背景色，让按钮显得更加通透，突出按钮的质感和立体感。水晶按钮主要体现在同类色的运用和光影关系的把控，在设计过程中需要整体把握。

4.4.1 任务描述

本任务是设计一款海蓝色调的水晶按钮，要求按钮要体现出水晶的通透和质感。按钮最终设计效果如图4-34所示。通过本任务的学习，读者可以掌握水晶按钮的基本设计技巧以及按钮表面高光效果的设计方法。

图4-34 水晶按钮设计效果

4.4.2 思路剖析

根据本任务的设计要求，可从按钮的形状、透明效果、设计风格和文字效果入手进行分析。

1. 形状

水晶按钮的形状没有特殊要求，因此选择最常见的圆角矩形进行设计。

2. 透明效果

水晶效果主要体现在按钮表面上，可通过绘制浅颜色的色块，降低透明度和设置羽化值来增添按钮表面的光感，从而产生通透的水晶效果。

3. 设计风格

水晶按钮的立体感较强，需添加多种特效，因此本任务采用微扁平化设计风格。

4. 文字效果

文字内容可通过添加"投影"效果进一步突出按钮表面的水晶透明效果，投影的距离反衬出按钮水晶层的厚度，使按钮更具有立体感。同时，还可为文字添加"外发光"和"内发光"效果，体现出凹陷效果。

4.4.3 任务实现

Step 01 打开Photoshop CC软件，按【Ctrl+N】组合键，在"新建"对话框中设置"名称"为"水晶按钮设计"，"宽度"为500像素，"高度"为300像素，"分辨率"为72像素/英寸，"颜色模式"为RGB颜色，"背景内容"为白色。单击"确定"按钮，完成画布的新建。

Step 02 将背景填充浅蓝色（RGB：105、173、241）到深蓝色（RGB：4、44、123）线性渐变效果，如图4-35所示。

Step 03 选择"圆角矩形工具" ▣，绘制一个宽度为330像素，高度为120像素，圆角半径为20像素的圆角矩形，填充蓝色（RGB：252、153、150），作为按钮背景，如图4-36所示。

Step 04 为圆角矩形添加内发光效果，参数设置如图4-37所示。效果如图4-38所示。

图4-35　背景渐变效果

图4-36　绘制圆角矩形

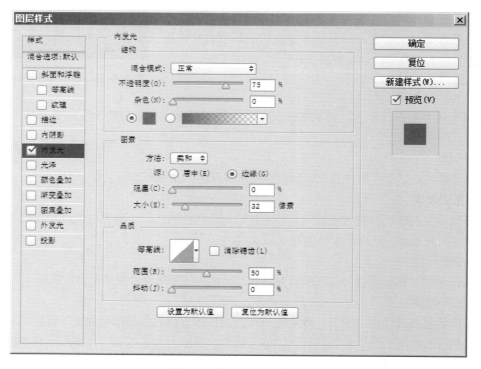

图4-37　设置内发光参数

图4-38　内发光效果展示

Step 05 选择"圆角矩形工具"，绘制一个宽度为300像素，高度为100像素，圆角半径为10像素的圆角矩形，填充浅蓝色（RGB：95、161、232），作为按钮背景，如图4-39所示。

Step 06 设置圆角矩形的羽化值为3.0像素，不透明度为23%，效果如图4-40所示。

图4-39 绘制圆角矩形

图4-40 添加羽化效果和不透明度

Step 07 复制上一步绘制完成的圆角矩形，移动到如图4-41所示的位置。

Step 08 分别以两个羽化后的圆角矩形作为"剪贴层"，以Step04中绘制的圆角矩形作为"基底层"创建剪贴蒙版（按下【Ctrl+Alt+G】组合键），效果如图4-42所示。

图4-41 复制圆角矩形

图4-42 创建剪贴蒙版

Step 09 选择"圆角矩形工具" ，绘制一个宽度为300像素，高度为100像素，圆角半径为15像素的圆角矩形，填充浅蓝色（RGB：95、161、232）背景，如图4-43所示。

Step 10 栅格化上一步所绘制的矩形，按【Ctrl】键的同时单击图层缩览图，调出选区，如图4-44所示。选择"矩形选框工具" ，将选区移动到如图4-45所示的位置。

图4-43 绘制矩形

图4-44 调出选区

Step 11 按下【Delete】键，将选区中的内容删除，如图4-46所示。然后，按下【Ctrl+D】组合键，取消选区，如图4-47所示。

图4-45 移动选区

图4-46 删除选区中的内容

Step 12 重复步骤Step09~ Step11中的方法，绘制底部高光效果，如图4-48所示。

图4-47　取消选区

图4-48　绘制底部高光

Step 13 选择"椭圆工具" ，绘制白色椭圆形，如图4-49所示。设置其羽化值为15像素，不透明度为50%，效果如图4-50所示。

图4-49　绘制椭圆1

图4-50　设置羽化效果和不透明度1

Step 14 重复上一步的操作，绘制如图4-51所示的椭圆形，设置羽化值为6像素，不透明度为36%，效果如图4-52所示。

图4-51　绘制椭圆2

图4-52　设置羽化效果和不透明度2

Step 15 继续重复上一步的操作，绘制如图4-53所示的椭圆形，设置羽化值为26像素，不透明度为75%，如图4-54所示。

图4-53　绘制椭圆3

图4-54　设置羽化效果和不透明度3

Step 16 再次重复上一步的操作，绘制如图4-55所示的椭圆形，设置羽化值为0.5像素，不透明度为70%，如图4-56所示。

图4-55 绘制椭圆4

图4-56 设置羽化效果和不透明度4

Step 17 选择"横排文字工具" T ，输入文字内容"登录"，然后按【Ctrl+T】组合键。弹出"字符"面板，设置文字属性，如图4-57所示。效果如图4-58所示。

图4-57 设置文字属性

图4-58 文字效果

Step 18 选择文字所在的图层，在"图层样式"对话框中选择"内发光"选项，设置参数如图4-59所示。效果如图4-60所示。

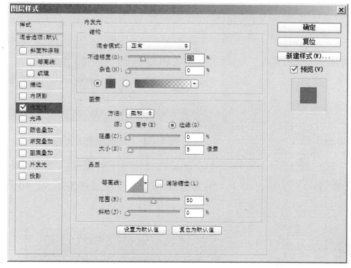

图4-59 设置内发光参数

图4-60 设置内发光后的效果

Step 19 在"图层样式"对话框中选择"外发光"选项，设置参数如图4-61所示。效果如图4-62所示。

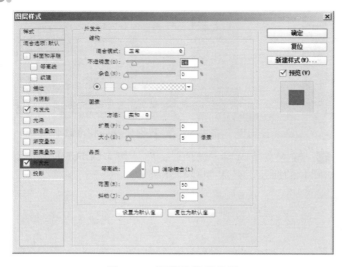

图4-61　设置外发光参数　　　　　　　　　图4-62　设置外发光后的效果

Step 20 在"图层样式"对话框中选择"投影"选项，设置参数如图4-63所示。效果如图4-64所示。

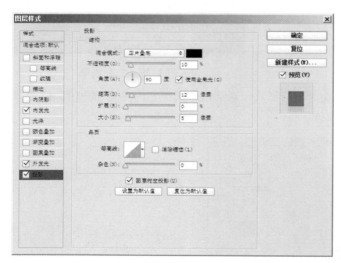

图4-63　设置投影参数　　　　　　　　　图4-64　设置投影后的效果

Step 21 选择"圆角矩形工具" ▣，绘制一个宽度为330像素和高度为120像素，圆角半径为20像素的圆角矩形，填充深蓝色（RGB：4、48、85），作为按钮背景，如图4-65所示。将其羽化值设置为2.5像素，如图4-66所示。

图4-65　绘制圆角矩形　　　　　　　　　图4-66　设置羽化效果

Step 22 调节上一步绘制的圆角矩形的图层位置，至大背景的上一层，如图4-67所示。

Step 23 复制步骤Step21～ Step22中绘制的阴影效果，并调节不透明度为45%，羽化值为8.5像素。调节图层位置至大背景的上一层，如图4-68所示。

图4-67　为按钮添加背景

图4-68　复制阴影

Step 24 至此"水晶按钮设计"绘制完成，按【Ctrl+S】组合键将文件保存在指定文件夹。

基础操练

一、判断题

1. 按钮的禁用状态是指按钮启用后被禁锢的状态。　　　　　　　　　　　（　　）

2. 在UI设计中，滑块根据操作方式可以分为单向滑块、双向滑块和旋转式滑块。

（　　）

3. 在APP界面中，单独存在的按钮组件尺寸必须是奇数尺寸。　　　　　（　　）

4. 在填充颜色时，按【Alt+Delete】组合键可直接为选区填充前景色。　（　　）

5. 按快捷键【X】，可恢复默认的前景色和背景色。　　　　　　　　　（　　）

二、选择题

1. 下列选项中，属于按钮制作中需要设置状态的是（　　　　）。

　　A. 默认状态　　　　B. 悬浮状态　　　　C. 按下状态　　　D. 禁用状态

2. 使用橡皮擦工具擦除背景图层中的图像时，被擦除区域会填充以下哪种颜色（　　　　）？

　　A. 白色　　　　　　B. 黑色　　　　　　C. 前景色　　　D. 背景色

3. 关于图层样式的描述，下列说法错误的是（　　　　）。

　　A. Photoshop CC提供的图层样式中的效果共有15种

　　B. "外发光"和"内发光"都可以使图像边缘产生发光的效果，只是发光的位置不同

　　C. "颜色叠加"效果可以在图形对象上叠加指定的颜色，通过设置颜色的混合模式和不透明度控制叠加效果

　　D. "投影"效果是在图形对象背后添加阴影，使其产生立体感

4. 以下选项中，属于蒙版类型的有（　　　）。

　　A. 图层蒙版　　　　B. 剪贴蒙版　　　　C. 快速蒙版　　　　D. 矢量蒙版

5. 下列选项中，可以对图层蒙版进行的操作有（　　　）。

　　A. 删除　　　　　　B. 隐藏　　　　　　C. 停用　　　　　　D. 扩展

第 **5** 章

表单控件设计

学习目标

☑ 熟悉表单控件的类型，能够识别和区分表单控件。

☑ 掌握不同类型表单控件的设计方法，能够独立完成表单控件的制作。

在APP应用软件中，表单控件是必不可少的一部分。一个设计优秀的APP表单控件可以极大地提高用户的点击、注册数量，提升界面的友好度。本章将通过"单选按钮""复选框""下拉列表框""搜索框"等几个典型表单控件为代表的任务，详细讲解表单控件的设计技巧。

5.1 表单控件设计基础知识

表单控件在应用软件上随处可见，例如注册页面中的用户名和密码输入、性别选择、提交按钮等都是表单控件。通过这些表单控件，用户可以和应用软件进行简单的交互。本节将通过"认识表单控件"和"表单控件设计原则"两部分内容对表单控件的基础知识进行详细讲解。

5.1.1 认识表单控件

表单控件主要用于收集用户信息，与用户进行交互对话，通常包括单选按钮、复选框、下拉列表框、按钮、输入框等具体介绍如下：

1. 单选按钮

单选按钮用于进行单项选择。例如，选择性别、判断"是否"操作等，如图5-1所示。

2. 复选框

常用于进行多项选择。例如，填写个人信息时选择兴趣、爱好等，如图5-2所示。

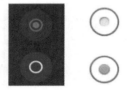

图5-1 单选按钮

图5-2 复选框

3. 下拉列表框

下拉列表框可收藏一些同类信息，节省界面空间。在下拉列表框的列表中，用户只能选择其中的一个选项。当用户选中一个选项后，该列表会向下延伸出具有其他选项的另一个选项，如图5-3所示。

4. 按钮

按钮在APP界面设计中通常起操控作用。用户通过点击按钮操作可以启动APP中的某项功能或者实现页面间的跳转，如图5-4所示。

图5-3 下拉列表框

图5-4 按钮

5. 输入框

输入框常用作资料填写、搜索和发布内容的输入。点击输入框会出现插入点光标，可以直接在输入框中输入文字或文本信息。在APP设计中，输入框通常包含以下几类：

① 单行文本输入框：单行文本输入框常用来输入简短的信息，如用户名、账号、证件号码等。

② 密码输入框：密码输入框用来输入密码，其内容将以圆点的形式显示。

③ 多行文本输入框：可以输入多行文字信息，例如，评论、微博信息等。

④ 搜索框：一种特殊的输入框，可以看作"单行文本输入框"和"按钮"的组合，用于搜索指定信息，如图5-5所示。

图5-5 搜索框

5.1.2 表单控件设计原则

表单控件应用范畴极为广泛，应用情况牵涉到方方面面，因此在设计时往往需要遵循一定的设计原则。具体介绍如下：

1. 单列设计

由于APP界面较小，在设计表单控件时，尽量使用单列设计，因为多列的表单容易让人分心，无法完全垂直浏览，让用户不能直接完成填写，如图5-6所示。

图5-6 单列设计原则1

2. 关联标签和输入框

让相关联的标签和输入框更靠近，组成分组，让不同的分组保持相对大的距离，确保用户不会产生困惑，如图5-7所示。

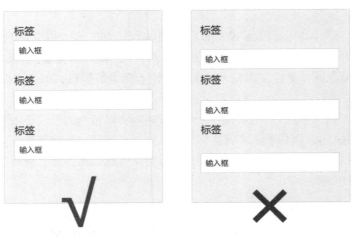

图5-7   单列设计原则2

3. 复选框纵向排列

由于移动设备界面面积较小，通过纵向排列复选框让用户可以更快地扫视内容，便于进行选取。

4. 相关信息分组

过长的表单常常会让用户感到烦躁和不知所措，因此应当根据特定的逻辑、内容属性将相关的内容分组，强化表单整体的形式感，用户觉得更容易填写表单，也更容易完成。

5.2 【任务10】单选按钮和复选框设计

在众多表单控件中，单选按钮和复选框是出现频率较高的表单控件，二者均用于和用户进行选择性的问答交互。通常单选按钮的标志是圆形，表示单一选项；复选框的标志是方形，表示多个选项。

5.2.1   任务描述

本任务需要分别设计一组单选按钮和一组复选框，要求突出选框的层次感并且能够方便用户识别选中状态，最终设计效果如图5-8所示。通过本任务的学习，读者可以掌握单选按钮和复选框制作的基本技巧。

图5-8   单选按钮和复选框设计效果

5.2.2   思路剖析

设计单选按钮和复选框时，可以从设计尺寸和风格、形状和颜色搭配等几方面进行分析。

1. 设计尺寸和风格

通常单选按钮和复选框的设计尺寸比较随意，以便于用户识别和操作作为基本要求。本任务采用微扁平的设计风格，通过较淡的内阴影和投影，突出单选按钮和复选框的层次感。

2. 形状设计

设计选框形状时，仍以便于用户识别为基本原则。本任务可根据单选按钮和复选框的形状特点，选择圆形作为单选按钮的基本形状；选择圆角矩形作为复选框的基本形状。

3. 颜色运用

单选按钮和复选框通常包括未选中和选中两种状态，因此色彩对比要强烈，便于用户识别。

① 未选中状态：可以运用白色、灰色等视觉冲击力较弱的颜色进行设计。

② 选中状态：要特别突出，可以运用红色、绿色、橙色等视觉冲力较强的颜色。需要注意的是，红色通常会传递警示、禁用的含义，因此不建议运用。

5.2.3　任务实现

1. 单选按钮未选中状态

Step 01　打开Photoshop CC软件，按【Ctrl+N】组合键，在"新建"对话框中设置"名称"为"单选按钮和复选框设计"，"宽度"为64像素，"高度"为64像素，"分辨率"为72像素/英寸，"颜色模式"为RGB颜色，"背景内容"为浅灰色（RGB：238、239、241）。单击"确定"按钮，完成画布的新建。

Step 02　按【Ctrl+R】组合键调出标尺，在图5-9所示位置创建4条参考线。

Step 03　按【Alt+Ctrl+C】组合键，打开"画布大小"对话框，设置宽度和高度均为100像素，为画布做出留白，如图5-10所示。

图5-9　创建参考线

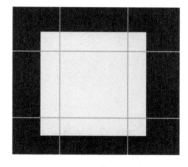
图5-10　调整画布大小

Step 04　运用"椭圆工具" ，绘制一个宽度和高度均为64像素的正圆形，得到"椭圆1"图层。填充白色，如图5-11所示。

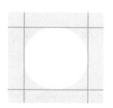
图5-11　绘制正圆形

Step 05 为"椭圆1"图层添加"内阴影"图层样式，具体参数设置如图5-12所示，效果如图5-13所示。

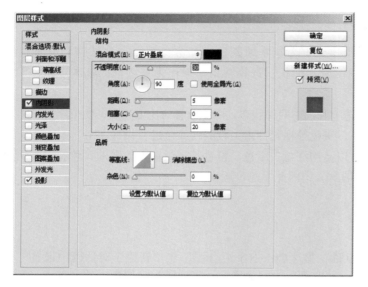

图5-12　设置内阴影参数 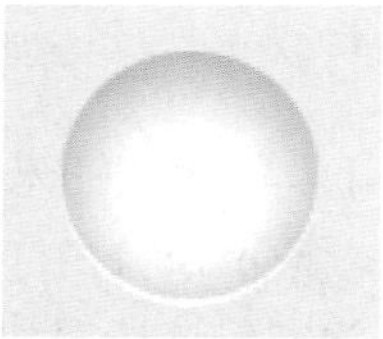　　　　　　　　　　　　图5-13　内阴影效果

Step 06 复制"椭圆1"图层，得到"椭圆1拷贝"图层，将填充颜色变为中灰色（RGB：193、201、204）。

Step 07 将"椭圆1拷贝"图层的正圆大小调整为36像素，如图5-14所示。

Step 08 将"椭圆1拷贝"图层中的正圆内阴影参数设置为8，让凹凸感更明显。此时效果如图5-15所示。

图5-14　调整大小

图5-15　调整阴影参数

Step 09 将"椭圆1"和"椭圆1拷贝"两个图层进行编组，将得到的图层组命名为"单选按钮未选中状态"。

2. 单选按钮选中状态

Step 01 复制"单选按钮未选中状态"图层组，将得到的图层组命名为"单选按钮选中状态"。

Step 02 在"单选按钮选中状态"图层组中绘制一个宽度和高度均为32像素的正圆形，得到"椭圆2"图层。为正圆形填充绿色（RGB：0、221、104），如图5-16所示。

Step 03 为"椭圆2"图层中的正圆添加"斜面浮雕"图层样式，设置大小为2，具体参数设置如图5-17所示，效果如图5-18所示。

图5-16　绘制正圆形

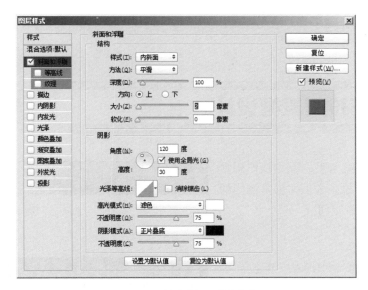

图5-17　设置斜面浮雕参数

图5-18　斜面浮雕效果

Step 04 将选中状态包含的所有图层进行编组，将得到的图层组命名为"单选按钮未选中状态"。

3. 复选框未选中状态和选中状态

Step 01 隐藏上面绘制的单选按钮图层组。运用"圆角矩形工具" ▣，绘制一个宽度和高度均为64像素，圆角为12像素的圆角矩形，得到"圆角矩形1"图层。

Step 02 复制"椭圆1"图层样式，粘贴到"圆角矩形1"图层上，效果如图5-19所示。

Step 03 再次运用"圆角矩形工具" ▣，绘制一个宽度和高度均为36像素，圆角为5像素的圆角矩形，得到"圆角矩形2"图层。为其填充灰色（RGB：243、243、243）。

Step 04 复制"椭圆1拷贝"图层样式，粘贴到"圆角矩形2"图层上，效果如图5-20所示。

Step 05 将复选框未选中状态包含的所有图层进行编组，将得到的图层组命名为"复选框未选中状态"。

Step 06 复制"单选按钮未选中状态"图层组，将得到的图层组命名为"复选框选中状态"。

Step 07 在"复选框选中状态"图层组中运用"圆角矩形工具"拼合一个对勾，填充绿色（RGB：0、221、104）。

Step 08 复制"单选按钮选中状态"图层组中"椭圆2"图层样式，粘贴到对勾图层上，如图5-21所示。

图5-19　复制图层样式1

图5-20　复制图层样式2

图5-21　粘贴图层样式3

Step 09 至此"单选按钮和复选框设计"绘制完成，按【Ctrl+S】组合键将文件保存在指定文件夹。

5.3 【任务11】下拉列表框设计

下拉选框在APP界面设计中十分常见，其主要作用在于引导用户进入下级页面。由于下拉列表框对屏幕空间的占用是固定的，因此可以极大地节省空间。

5.3.1 任务描述

本任务是设计一款扁平风格的咖啡厅APP下拉列表框，要求大气典雅、简洁明快，便于用户的识别和操作，下拉列表框的最终设计效果如图5-22所示。通过本任务的学习，读者可以掌握下拉列表框的设计技巧。

5.3.2 思路剖析

1. 设计尺寸和形状

下拉列表框是在按钮的基础上进行了改造，因此可以沿用按钮的矩形或圆角矩形的设计方式。需要注意的是，由于有提示文字的下拉列表框比一般的按钮要长，因此在设计时，要保证其最小高度为44像素，以便于用户点击操作。

2. 设计风格

本任务按照设计要求，采用扁平化的设计风格。

3. 颜色运用

图5-22 下拉列表框效果

下拉列表框通常包括未点击和点击两种状态，这时可以通过适当的颜色变化，提高辨识度。

① 未点击状态：可以运用白色、灰色等视觉冲击力较弱的颜色。

② 点击状态：要特别突出，可以运用和咖啡颜色匹配的棕灰色（RGB：119、107、93）。

5.3.3 任务实现

1. 未点击状态下拉列表框

Step 01 打开Photoshop CC软件，按【Ctrl+N】组合键，在"新建"对话框中设置"名称"为"下拉列表框设计"，"宽度"为750像素，"高度"为1 334像素，"分辨率"为72像素/英寸，"颜色模式"为RGB颜色，"背景内容"为白灰色（RGB：236、232、220）。

Step 02 运用"矩形工具" ▣绘制一个宽度为750像素，高度为114像素的矩形，填充浅灰色（RGB：251、251、251），如图5-23所示。

Step 03 运用"椭圆工具" ◯绘制一个宽和高均为72像素的正圆形，填充浅灰色（RGB：219、219、219），位置如图5-24所示。

图5-23　绘制矩形　　　　　　　　　　　图5-24　绘制正圆形

Step 04 运用"矩形工具" 绘制的矩形，拼合一个箭头形状，填充白色，放置到图5-25所示位置。

Step 05 选择"横排文字工具" ，输入文字内容"美食"。在"字符"面板，设置文字属性，参数设置如图5-26所示。效果如图5-27所示。

图5-25　绘制箭头形状　　　　　　　　图5-26　设置文字属性

图5-27　输入文字

Step 06 运用"钢笔工具" 和"椭圆工具" 绘制如图5-28所示的美食图标。

图5-28　美食图标

Step 07 按【Ctrl+G】组合键将上述步骤的所有图层进行编组，将图层组命名为"未点击状态"。

2. 点击状态下拉列表框

Step 01 复制"未点击状态"图层组，将得到的图层组命名为"点击状态"。

Step 02 在"点击状态"图层组中找到"矩形1"图层，将填充色变为棕灰色（RGB：119、107、93），如图5-29所示。

图5-29 改变填充色1

Step 03 为"椭圆1"图层填充深棕色（RGB：85、76、66），如图5-30所示。

图5-30 改变填充色2

Step 04 调整箭头的旋转方向使其位于下方，如图5-31所示。

Step 05 绘制一个宽750像素，高74像素的矩形，填充白色，输入"特色小吃"，设置字体大小为36像素，颜色为棕灰色（RGB：119、107、93），如图5-32所示。

图5-31 旋转图形

美食

特色小吃

图5-32 下拉选项

Step 06 运用"直线工具"，绘制一条长750像素的直线，填充浅灰色（RGB：219、219、219），如图5-33所示。

特色小吃

图5-33 绘制直线

Step 07 将Step05和Step06绘制的图形进行编组，将图层组命名为"选项1"。

Step 08 复制"选项1"图层组，修改文字内容，排列如图5-34所示样式。

图5-34 复制排列图层组

Step 09 打开素材"手机背景.png"，如图5-35所示。将绘制完成的下拉列表框排列成图5-36所示样式。

图5-35 手机背景素材

图5-36 展示效果

Step 10 至此"下拉列表框设计"完成,按【Ctrl+S】组合键将文件保存在指定文件夹。

5.4 【任务12】搜索框设计

在一些内容较多的APP应用软件中,搜索框是必备的工具控件。搜索框对APP的建设和优化起到了非常重要的作用,用户通过搜索可以第一时间得到想要的内容。作为最常用的UI元素之一,搜索框无论是在移动端、还是在PC端都会被设计得别致细腻。

5.4.1 任务描述

本任务是设计一款微扁平风格的搜索框,要求运用恰当的光影关系突出搜索框的层次感,用色要简约大气。搜索框的最终设计效果如图5-37所示。通过本任务的学习,读者可以掌握搜索框的设计技巧。

图5-37 搜索框设计效果

5.4.2 思路剖析

设计搜索框时,可以从形状、颜色、按钮,以及提示文字等几个方面进行分析。

1. 形状设计

因为搜索框内要输入相应的文字或者关键词,因此在设计时要充分考虑其容纳性,少用圆形或正方形。设计搜索框最好使用矩形或圆角矩形,并不需要太多的装饰。

2. 颜色运用

搜索框的设计一定要显眼，可以运用颜色、内阴影、投影等增强搜索框的存在感，如图5-38所示。

3. 按钮设计

可以看作"单行文本输入框"和"按钮"的组合，因此可以赋予按钮一个有意义的图形或文字。图5-39所示为"搜索"文字和"放大镜"图标。

图5-38 搜索框

图5-39 搜索框按钮

4. 搜索提示文字

在搜索框内可以放一些有意义的文字。例如，直接告诉用户可以输入的内容引导、推荐商品名称等。

5.4.3 任务实现

Step 01 打开Photoshop CC软件，按【Ctrl+N】组合键，在"新建"对话框中设置"名称"为"搜索框设计"，"宽度"为750像素，"高度"为1 334像素，"分辨率"为72像素/英寸，"颜色模式"为RGB颜色，"背景内容"为白灰色（RGB：236、232、220）。

Step 02 运用"圆角矩形工具"绘制一个宽度为500像素，高度为45像素，圆角大小为5像素的圆角矩形，得到"圆角矩形1"图层。填充米黄色（RGB：244、234、225），如图5-40所示。

图5-40 绘制圆角矩形

Step 03 为"圆角矩形1"图层添加"内阴影"图层样式，具体参数设置如图5-41所示。

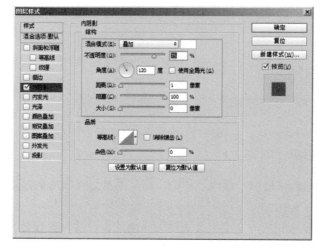

图5-41 设置内阴影参数

Step **04** 为"圆角矩形1"图层添加"投影"图层样式，具体参数设置如图5-42所示，效果如图5-43所示。

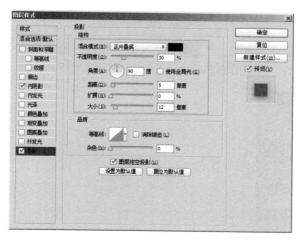

图5-42　设置投影参数

图5-43　设置投影后的效果

Step **05** 运用"圆角矩形工具" 绘制一个宽度为440像素，高度为30像素，圆角大小为5像素的圆角矩形，得到"圆角矩形2"图层。填充白色，如图5-44所示。

图5-44　绘制圆角矩形

Step **06** 为"圆角矩形2"图层添加"内阴影"图层样式，具体参数设置如图5-45示，效果如图5-46所示。

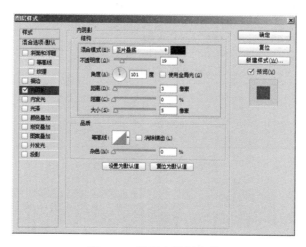

图5-45　设置内阴影参数

图5-46　内阴影效果

Step 07 选择"横排文字工具" T ，输入文字内容"搜索手机号、用户名"。在"字符"面板，设置文字属性，参数设置如图5-47所示，效果如图5-48所示。

图5-47　设置文字属性　　　　　　　　　图5-48　输入文字

Step 08 运用形状工具绘制一个放大镜形状，将图层命名为"放大镜"，如图5-49所示。

Step 09 为"放大镜"图层添加内阴影效果，具体参数设置如图5-50所示，效果如图5-51所示。

图5-49　放大镜图形

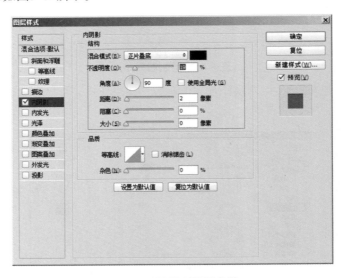

图5-50　设置内阴影参数

图5-51　内阴影效果

Step 10 至此"搜索框设计"完成，按【Ctrl+S】组合键将文件保存在指定文件夹。

基础操练

一、判断题

1. 表单控件通常包括单选按钮、复选框、下拉列表框、按钮等，但不包括输入框。
（　　）

2. 在表单控件中，搜索框不属于输入框。　　　　　　　　　　　　　　　　（　　）

3. 用户通过点击按钮这一操作可以启动APP中的某项功能或者实现页面间的跳转。
　　　　　　　　　　　　　　　　　　　　　　　　　　　　　　　（　　）

4. 由于移动设备界面面积较小，通过横向排列复选框让用户可以更快地扫视内容，便于进行选取。　　　　　　　　　　　　　　　　　　　　　　　　　　　　（　　）

5. 单选按钮和复选框通常包括未选中和选中两种状态。　　　　　　　　　（　　）

二、选择题

1. 下列选项中，常用于进行多项选择的是（　　　　）。

　　A. 单选按钮　　　　　B. 复选框　　　　　C. 下拉列表框　　D. 输入框

2. 下列选项中描述正确的是（　　　）。

　　A. 在下拉列表框的列表中，用户只能选择列表中的1个选项

　　B. 在下拉列表框的列表中，用户只能选择列表中的2个选项

　　C. 在下拉列表框的列表中，用户只能选择列表中的3个选项

　　D. 在下拉列表框的列表中，用户只能选择列表中的多个选项

3. 在Photoshop CC中，按下列哪个组合键调出标尺（　　　）。

　　A.【Ctrl+A】　　　B.【Shift+R】　　　C.【Ctrl+R】　　D.【Ctrl+ Shift+R】

4. 为了创建一个以单击点为中心的正圆，需按下列（　　　）键的同时拖动鼠标。

　　A.【Alt+Shift】　　B.【Shift】　　　C.【Alt】　　　D.【Alt+Shift+Ctrl】

5. 下列选项中，用于控制圆角矩形的平滑程度的是（　　　）。

　　A. 直径　　　　　　B. 角度　　　　　C. 弧度　　　　　D. 半径

第 6 章

APP导航设计

　　导航设计在APP设计中具有举足轻重的地位，与用户体验效果密切相关。导航设计的专业与否直接决定了界面信息是否可以有效地传递给用户。优秀的导航设计会让用户轻松浏览到所需内容，而又不干扰和困惑用户。本章将通过"标签式导航设计"和"列表式导航设计"两个任务，详细讲解APP导航设计中的相关技巧。

6.1 认识APP导航

在开始着手设计APP界面或者APP原型图之前，面临的第一个问题就是以何种方式将信息组合起来，以满足开发者的需求又能给用户带来完美体验，这时掌握好导航设计分类就显得尤为重要。导航的设计多种多样，常见的样式分类如图6-1所示。

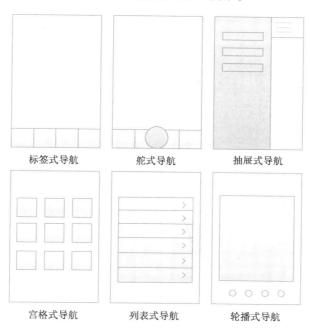

标签式导航　　　舵式导航　　　抽屉式导航

宫格式导航　　　列表式导航　　　轮播式导航

图6-1　导航分类

1. 标签式导航

标签式导航又称选项卡式导航，位于页面底部，是一种常见的导航设计类型。通常包含四五个标签，方便用户在不同分页间频繁切换。微信页面就采用了这种设计类型，如图6-2所示。

标签式导航的优缺点：

（1）优点

① 直接展示最重要接口内容信息。

② 分类位置固定，清楚当前所在入口位置。

③ 减少界面跳转的层级，轻松在各入口间频繁跳转。

（2）缺点

① 占用一定屏幕高度。

② 功能入口过多时，该模式显得笨重不实用。

图6-2　标签式导航

2. 舵式导航

舵式导航作为标签式导航的一个变种，是将用户常用的标签按钮收录到一个标签功能按钮中，通过点击这个标签功能按钮，来展开多个标签按钮。图6-3所示为舵式导航效果展示。

图6-3 舵式导航

舵式导航的优缺点：

（1）优点

① 较大限度地引导用户点击中间按钮。

② 重要且操作频繁的入口很显眼。

（2）缺点

① 中间按钮的突出导致两侧按钮点击率较低。

② 对中间按钮设计美感要求较高，需要和页面整体设计风格相协调。

3. 抽屉式导航

抽屉式导航又称侧滑式导航，是将非核心的选项或功能隐藏在当前页面之后，点击入口就可以像拉抽屉一样拉出菜单，此设计方法节省了页面展示空间，让用户将更多的注意力聚焦到当前页面上。此类导航设计需要提供菜单滑出时的过渡动画。图6-4所示为抽屉式导航内容滑出后的效果。

抽屉式导航的优缺点：

（1）优点

① 不占用页面展示空间。

② 可容纳多个条目，可扩展性强。

（2）缺点

① 用户不容易发现功能入口，对入口交互的功能可见性要求较高。

② 用户容易"迷路"。

4. 宫格式导航

宫格式导航是将主要入口均聚合在页面之上，方便用户做出选择的导航类型。此种设计方式无法让用户在第一时间看到内容，但给人的视觉效果比较舒服。当有多个内容项时，可以考虑用这种导航方式。图6-5所示为宫格式导航的展示效果。

图6-4　抽屉式导航

图6-5　宫格导航

宫格导航的优缺点：

（1）优点

① 分类清晰、入口独立、风格简约。

② 用户容易记住各入口的位置，方便用户快速查询。

（2）缺点

① 菜单之间的跳转要回到初始点，不利于用户体验。

② 容易形成更深的路径，不能直接展示入口内容。

5. 列表式导航

列表式导航是APP设计中不可缺少的一个信息承载模式。通常用于二级页面，不会默认展示任何实质内容。这种导航结构清晰，易于理解，能够帮助用户高速定位到相应的页面。列表项目可以通过间距、标题等进行分组，形成扩展列表，如图6-6所示。

列表式导航的优缺点：

（1）优点

① 层次展示清晰明了。

② 视线流从上到下，浏览体验快捷。

③可展示内容较长的菜单或拥有次级文字内容的标题。

（2）缺点

① 导航之间的跳转要回到初始点，灵活性不高。

② 同级内容过多时，用户浏览容易产生视觉疲劳。

③ 不展示实质内容，需要用户点击后才能知道具体内容，增加了用户的操作成本。

6. 轮播式导航

轮播式导航又称旋转木马式导航，当应用程序信息足够扁平化时可采用此类导航。通过左右滑动页面可以实现信息的轮播效果，这种设计方式可以最大程度地保证应用页面的简洁性，操作也极为简便，通常会给人耳目一新的体验。图6-7所示为轮播式导航的效果展示。

图6-6　列表式导航

图6-7　轮播式导航

轮播式导航的优缺点：

（1）优点

① 单页面内容整体性强，聚焦度高。

② 操作方便，只需手指左右滑动即可。

（2）缺点

① 只能查看相邻卡片展示的内容，并不能跳跃性地进行选择。

② 展示的内容数量有限。

6.2 【任务13】标签式导航设计

标签式导航是用户体验效果较好的导航设计类型。在进入APP的时候，可以根据用户的使用频率对默认界面的导航选项进行设置，并通过颜色差异区分选中和未选中的状态。

6.2.1　任务描述

本任务是设计一款针对电器商城APP的标签式导航，要求根据某手机界面的分辨率进行设计，需设计出相关的导航图标，并配以文字说明，标签项需通过合理的配色进行区分，最终设计效果如图6-8所示。通过本任务的学习，读者可以掌握标签式导航的基本设计技巧，以及图标的设计方法。

图6-8　电器商城APP标签式导航效果

6.2.2　思路剖析

根据本任务的设计要求，可从尺寸规范、设计风格、标签项颜色，以及图标分类入手进行分析。

1. 尺寸规范

由于本任务是针对某手机界面的分辨率（750×1 334像素）进行设计，因此标签栏的尺寸大小和图标及文字大小都要遵循某手机界面的设计规范，具体如下：

① 标签栏：在手机界面中标签栏的尺寸为750×98像素。

② 图标和文字：标签栏中导航的图标大小为50×50像素，字体大小为24像素。

2. 设计风格

本任务将采用扁平化设计风格，通过简洁、明快的图标对用户进行引导。

3. 标签项颜色

根据标签式导航的特性，标签项分为默认状态和选中状态两种，因此在颜色上需加以区分。

① 默认状态：默认状态尽量采用较暗的颜色，以彰显选中状态。本任务计划采用灰色作为默认状态。

② 选中状态：选中状态一般选用较醒目的颜色，方便和其他标签项进行区分，视觉效果上也更利于用户体验。本任务是针对商城类APP进行设计，为了激发用户的购买热情应尽量采用暖色调，本任务计划采用橘红色。

4. 图标分类

根据电器商城APP的特性，可将标签项分为首页、发现、商城、服务和我的共5类。

6.2.3　任务实现

1. 绘制导航图标

Step 01　按【Ctrl+N】组合键，在"新建"对话框中设置"名称"为"标签式导航设计"，"宽度"为50像素，"高度"为50像素，"分辨率"为72像素/英寸，"颜色模式"为RGB颜色，"背景内容"为白色。单击"确定"按钮，完成画布的新建。

Step 02　按【Ctrl+R】组合键调出标尺，在图6-9所示位置创建4条参考线。

Step 03　按【Alt+Ctrl+C】组合键，打开"画布大小"对话框，设置宽度和高度均为100

像素，为画布做出留白，如图6-10所示。

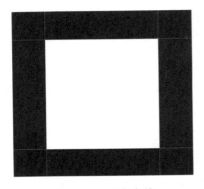

图6-9　创建参考线

图6-10　调整画布大小

Step 04 选择"多边形工具" ⬢，设置边数为3，绘制正三角形，填充橘黄色（RGB：253、77、0）背景，并通过"自由变换"命令调整图形的形状，如图6-11所示。

Step 05 选择"矩形工具" ▢，绘制图标的其他结构，填充橘黄色（RGB：253、77、0）背景，如图6-12所示。

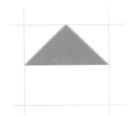

图6-11　绘制三角形

图6-12　首页图标

Step 06 将上一步中绘制的导航图标隐藏，按照上述方法继续在当前画布中绘制出其他导航图标，设置灰色（RGB：147、146、146）背景，如图6-13~图6-16所示。

图6-13　图标2

图6-14　图标3

图6-15　图标4

图6-16　图标5

2. 标签栏导航制作

Step 01 打开Photoshop CC软件，按【Ctrl+N】组合键，在"新建"对话框中设置"名称"为"标签式导航设计"，"宽度"为750像素，"高度"为98像素，"分辨率"为72像素/英寸，"颜色模式"为RGB颜色，"背景内容"为白色。单击"确定"按钮，完成画布的新建。

Step 02 选择"视图"→"显示"→"网格"命令，图像编辑区将显示出网格效果，如图6-17所示。然后，选择"编辑"→"首选项"→"参考线、网格和切片"命令，打开"首选项"对话框，对网格参数进行设置，如图6-18所示。效果如图6-19所示。

图6-17　显示网格

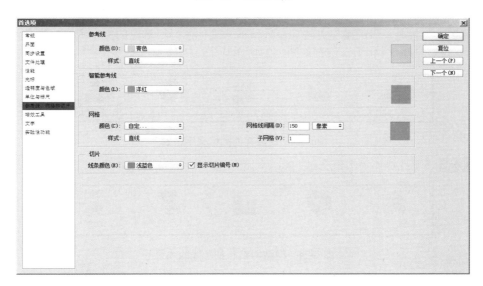

图6-18　设置网格参数

图6-19　网格效果

Step 03 将之前绘制好的图标移入到标签栏中，并在每一个网格中垂直居中对齐，水平位置沿参考线对齐，如图6-20所示。

图6-20　设置图标位置

Step 04 选择"横排文字工具" ，输入文字内容"首页"，在"字符"面板中设置文字属性，如图6-21所示。将文字移动到如图6-22所示的位置，与上方图标垂直居中对齐。

图6-21　设置文字属性

图6-22　设置文字位置

Step 05 按照上一步的操作方法和参数值输入其他图标所对应的文字内容，颜色设置为灰色（RGB：147、146、146），位置如图6-23所示。

图6-23　设置其他图标文字位置

Step 06 按下【Ctrl+H】组合键，隐藏网格和参考线，如图6-24所示。

图6-24　隐藏网格和参考线的效果

Step 07 至此"标签式导航设计"绘制完成，按【Ctrl+S】组合键将文件保存在指定文件夹。

6.3 【任务14】宫格式导航设计

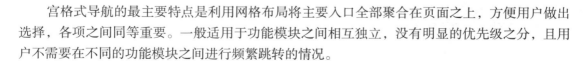

宫格式导航的最主要特点是利用网格布局将主要入口全部聚合在页面之上，方便用户做出选择，各项之间同等重要。一般适用于功能模块之间相互独立，没有明显的优先级之分，且用户不需要在不同的功能模块之间进行频繁跳转的情况。

6.3.1　任务描述

本任务是设计一款针对休闲娱乐APP的宫格式导航，该导航位于APP中的二级页面，用于方便用户查询所在位置附近的休闲娱乐场所。要求依据某手机界面的分辨率进行设计，布局合理，图标易辨识。最终设计效果如图6-25所示。通过本任务的学习，读者可以掌握宫格式导航的基本设计技巧。

图6-25　休闲娱乐APP宫格式导航效果

6.3.2　思路剖析

根据本任务的设计要求，可从尺寸规范、设计风格，以及图标分类入手进行分析。

1. 尺寸规范

由于本任务是针对某手机界面的分辨率（750×1 334像素）进行设计，因此状态栏、导航栏的尺寸大小和图标及文字大小都要遵循手机界面的设计规范、宫格导航模块的大小，以及图标和文字大小，可根据设计美感自行把握，具体如下：

① 状态栏：一般不需绘制，可通过引用素材完成。

② 导航栏：在手机界面中导航栏的尺寸为750×88像素，图标尺寸为44×44像素，标题文字大小为40像素。

③ 宫格导航模块：模块大小可设置为345×366像素，图标大小100×100像素，文字大小36像素。

2. 设计风格

针对每一宫格模块，计划采用图片做背景，图片上方通过添加图标和文字内容加以说明。根据这一设计特点，本任务计划采用扁平化设计风格。

3. 图标分类

由于当前页面的主要功能是方便用户查询所在位置附近的休闲娱乐场所，因此可将导航模块依据娱乐场所的特性进行划分，可分为电影、KTV、公园、健身、咖啡和酒吧共6类。

6.3.3 任务实现

Step 01 打开Photoshop CC软件，按【Ctrl+N】组合键，在"新建"对话框中设置"名称"为"宫格式导航设计"，"宽度"为750像素，"高度"为1334像素，"分辨率"为72像素/英寸，"颜色模式"为RGB颜色，"背景内容"为白色。单击"确定"按钮，完成画布的新建。

Step 02 按【Ctrl+R】组合键调出标尺，在图6-26所示位置创建4条参考线。

Step 03 选择"矩形工具" ▭，绘制状态栏，设置其高度为40像素，宽度为750像素，背景为深灰色（RGB：40、40、40），如图6-27所示。

图6-26　创建参考线　　　　　　　　图6-27　绘制状态栏背景

Step 04 打开素材文件"状态栏内容.psd"，如图6-28所示。将内容拖入到当前画布中，如图6-29所示。

●○○○○ 中国移动 📶　　　　　11:25　　　　　　🔒 ➤ ⏱ 78% 🔋

图6-28　状态栏素材

Step 05 选择"矩形工具" ▭，绘制导航栏，设置其高度为88像素，宽度为750像素，背景为深灰色（RGB：40、40、40），如图6-30所示。

Step 06 打开素材文件"返回按钮.png"如图6-31所示。将其拖入到当前画布中，位置如图6-32所示。

图6-29　添加状态栏内容

图6-30　设置导航栏背景

图6-31　返回按钮

图6-32　添加返回按钮

Step 07 选择"横排文字工具" ，输入文字内容"附近"，在"字符"面板中设置文字属性，如图6-33所示。将文字移动到如图6-34所示的位置，与导航栏垂直居中对齐。

图6-33　设置文字属性

图6-34　插入文字

Step 08 通过参考线创建如图6-35所示的宫格结构。

图6-35　创建宫格结构

Step 09 将画布背景设置为黑色，如图6-36所示。

图6-36　设置背景色

Step 10 打开如图6-37所示的宫格背景素材，将其拖入到当前画布中，位置如图6-38所示。

图1.jpg

图2.jpg

图3.jpg

图4.jpg

图5.jpg
图6.jpg

图6-37　背景素材

图6-38　拖入背景素材

Step 11 选择"矩形工具" ▣，在第一张图片上方绘制和素材图片同样大小的矩形，背景设置为黑色（RGB：0、0、0），如图6-39所示。

Step 12 调整黑色矩形的不透明度，至图6-40所示的效果。

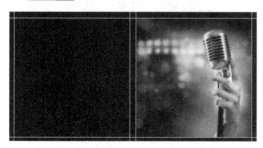

图6-39　绘制矩形

图6-40　调整不透明度

Step 13 重复Step11、Step12中的操作方法，为其他图片添加同样的黑色遮罩效果，

智能手机APP UI设计与应用任务教程

如图6-41所示。

图6-41　添加黑色遮罩效果

Step 14 打开素材文件"图标.psd"如图6-42所示。将图标拖入到对应的背景图片上方，并和背景图垂直居中对齐，如图6-43所示。

图6-42　图标素材

图6-43　拖入图标

Step 15 选择"横排文字工具"  ，输入文字内容"电影"，在"字符"面板中设置文字属性，如图6-44所示。将文字移动到如图6-45所示的位置，与上方图标水平居中对齐。

图6-44　设置文字属性

图6-45　添加文字

Step 16 重复上一步中的操作方法，在其他图标下方输入对应的文字内容，如图6-46所示。

Step 17 按【Ctrl+;】组合键隐藏参考线，如图6-47所示。

图6-46　插入其他文字

图6-47　隐藏参考线

Step 18 至此"宫格式导航设计"绘制完成，按【Ctrl+S】组合键将文件保存在指定文件夹。

基础操练

一、判断题

1. 标签式导航又称宫格式导航，通常位于页面底部。 （ ）

2. 抽屉式导航是将主要入口均聚合在页面之上，方便用户做出选择的导航类型。
（ ）

3. 列表式导航结构清晰，易于理解，但点击展开的方式增加了用户的操作成本。（ ）

4. 做绘制导航图标过程中，可以调整矩形四角的弧度，使其变成圆角。 （ ）

5. 使用"矩形工具"时，按住【Alt】键的同时拖动鼠标，可以在画布中绘制一个正方形。 （ ）

二、选择题

1. 下列选项中，属于APP导航样式的是（ ）。

   A. 标签式导航　　　B. 舵式导航　　　　C. 抽屉式导航　　　D. 宫格式导航

2. 关于标签式导航的描述，下列说法正确的是（ ）。

   A. 标签式导航会占用一定屏幕高度

   B. 标签式导航功能入口过多时，该模式显得笨重不实用

   C. 标签式导航可以直接展示最重要接口内容信息

   D. 标签式导航可以减少界面跳转的层级

3. 关于舵式导航的描述，下列说法正确的是（ ）。

   A. 舵式导航是标签式导航的一个变种

   B. 舵式导航可以较大限度的引导用户点击中间按钮

   C. 舵式导航会导致两侧按钮点击率较低

   D. 舵式导航可以自动协调界面的设计风格

4. 以下选项中，属于抽屉式导航特性的是（ ）。

   A. 不占用页面展示空间　　　　　　　B. 可容纳多个条目，可扩展性强

   C. 对入口交互的功能可见性要求较高　　D. 用户容易"迷路"

5. 关于宫格式导航的描述，下列说法正确的是（ ）。

   A. 宫格式导航是将主要入口均聚合在页面之上

   B. 宫格式导航是方便用户做出选择的导航类型

   C. 一般大于5个内容项时，考虑宫格式导航

   D. 宫格式导航可以直接展示入口内容

第 7 章

APP图片效果设计

学习目标	☑熟悉图片效果的设计技巧，能够制作效果精美的图片。 ☑掌握不同APP界面设计技巧，能够保证界面和图片风格上的统一。

　　在APP界面设计中，对图片进行设计处理，可以使图片的色彩、形状、风格保持统一，呈现出更绚丽的效果。本章将通过"音乐播放界面设计""APP引导页设计"两个任务，详细讲解APP中图片效果设计技巧。

7.1 图片效果设计技巧

在进行图片效果处理时，掌握常用的设计技巧有助于提高工作效率，准确高效地完成工作任务。在APP界面设计中，常用的图像处理效果包括镜面效果、倒影效果、折角效果、边框效果、毛玻璃效果等，具体介绍如下：

1. 镜面效果

镜面效果是在图片上加上一层白色到透明色线性渐变的半透明图形，使图片呈现犹如镜子反光一样的效果，可以使图片更具有质感。图7-1所示为手机模型图片效果。

图7-1　镜面效果

2. 倒影效果

倒影效果是在图片的对立面制作一个和图片本身对称的半透明影像，如图7-2所示。添加倒影效果可以让图片更具有空间感。

图7-2　倒影效果

3. 折角效果

折角效果是将图片的边角通过形状、色彩，以及简单的光影变化制作出的效果，如图7-3

所示。添加折角效果可以让图片具有立体感。

图7-3　折角效果

4. 边框效果

边框效果是指在图片四周添加一些浅色线条或阴影，使图片更加突出，让界面排列变得整齐、精美，富有个性和艺术性，如图7-4所示。

图7-4　边框效果

5. 毛玻璃效果

毛玻璃效果是指将背景进行模糊处理，从而和前面的内容形成对比反差的一种效果，如图7-5所示。

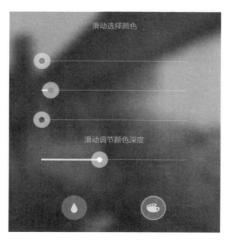

图7-5　毛玻璃效果

7.2 【任务15】音乐播放界面设计

现如今音乐APP软件已逐渐成为人们听音乐的主要平台。通过音乐APP软件，可以随时随地让用户尽享音乐所带来的无穷魅力。然而随着音乐APP软件的增多，其市场竞争越来越激烈，软件开发者也更加注重友好美观的界面设计，以此来吸引更多的用户。

7.2.1 任务描述

本任务是依据某手机界面的分辨率设计一个音乐播放界面，要求界面具备播放、切换歌曲等基本功能，通过新颖的设计形式、简单清新的设计风格来传递音乐氛围。最终设计效果如图7-6所示。通过本任务的学习，读者可以掌握音乐播放界面的基本设计技巧。

图7-6　音乐播放界面设计效果

7.2.2 思路剖析

设计音乐播放界面时，可以从设计尺寸和风格、功能模块等几方面进行分析。

1. 设计尺寸和风格

根据任务描述，本任务可以采用某手机界面的分辨率（750×1 334像素）进行设计。界面可以采用扁平化的设计风格。

2. 界面功能模块：界面功能模块主要分为状态栏和播放界面两部分。

①状态栏：一般不需绘制，运用现有素材即可。

②播放界面：通常音乐播放界面主要包括背景、播放进度、播放模式、播放控制按钮，以及底部的标签式导航。

③背景：可以运用处理成毛玻璃效果的图片作为背景。

④播放进度：可以设计为钟表指针的模式，用色彩表示已播放部分，用黑白表示未播放部分，如图7-7所示。

⑤播放模式、播放控制按钮：可以将图标设计为简单的线条图形，同时在设计中要注意图标的尺寸。本任务以某手机界面中工具图标尺寸44×44像素作为音乐界面图标的基本尺寸。

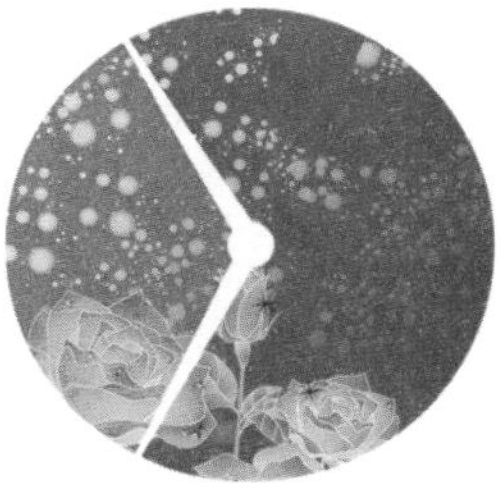

图7-7　播放进度设计

⑥标签式导航：为了统一设计风格，底部的标签式导航同样可以延续线条图形的设计样式。在手机界面中，标签栏中导航的图标大小为50×50像素。

7.2.3　任务实现

1. 制作背景和播放进度部分

Step 01　打开Photoshop CC软件，按【Ctrl+N】组合键，在"新建"对话框中设置"名称"为"音乐播放界面设计"，"宽度"为750像素，"高度"为750像素，"分辨率"为72像素/英寸，"颜色模式"为RGB颜色，"背景内容"为白色。单击"确定"按钮，完成画布的新建。

Step 02　按【Ctrl+R】组合键调出标尺，在图7-8所示位置创建4条参考线。

图7-8　创建参考线

Step 03　打开素材文件"状态栏内容.psd"，如图7-9所示。将其拖入到当前画布，放置于顶部居中位置。

●○○○○中国移动 🛜　　　11:25　　　◉ ◤ ⦿ 78% ▭

图7-9　状态栏内容

Step 04　打开素材"背景素材.jpg"，如图7-10所示。将其拖入当前画布中，调整大小和位置至图7-11所示样式。

图7-10　背景素材

Step 05 复制背景素材，并进行高斯模糊处理，效果如图7-12所示。

图7-11　调整背景素材

图7-12　高斯模糊

Step 06 运用"横排文字工具" T 输入图7-13所示的文字内容，具体参数设置如图7-14所示。

图7-13　输入文字1

图7-14　设置文字参数1

Step 07 再次运用"横排文字工具" T 输入图7-15红框标示的文字内容，具体参数设置如

图7-16所示。

图7-15　输入文字2

图7-16　设置文字参数2

Step 08　运用未处理的背景素材制作一个圆形图片，如图7-17所示。得到"图层2"。

Step 09　新建图层绘制一个稍大一点的圆形，填充白色，得到"图层3"。将其移动至"图层2"下一层，将不透明度设置为40%，效果如图7-18所示。

图7-17　制作圆形图片

图7-18　白色正圆

Step 10　绘制两个矩形线条，填充白色。对图7-18所示圆形进行分割，如图7-19所示。

Step 11　调整分割线两侧明暗、彩色和黑白的对比关系，效果如图7-20所示。

图7-19　绘制矩形线条

图7-20　调整对比关系

Step 12 运用"横排文字工具" **T** 输入图7-21红框标示的文字内容，具体参数设置如图7-22所示。

图7-21 输入文字

图7-22 设置文字参数

2. 制作播放模式、控制按钮及导航图标

Step 01 降低模糊背景的明度，具体参数设置如图7-23所示，效果如图7-24所示。

图7-23 设置色相/饱和度

图7-24 降低明度效果

Step 02 运用"矩形工具" **▣** 绘制一个宽度为750像素，高度为152像素的矩形，为其填充白色，调整不透明度为20%，如图7-25所示。

图7-25 绘制矩形

Step **03** 运用相关的形状工具绘制宽度和高度均为44像素的播放模式按钮图标及控制按钮图标，并将图标不透明度调整为50%，如图7-26所示。

Step **04** 运用相关的形状工具和钢笔工具绘制宽度和高度均为50像素的底部导航图标，并将图标不透明度调整为50%，如图7-27所示。

图7-26　绘制播放模式按钮图标和控制按钮图标

图7-27　绘制底部导航图标

Step **05** 至此"音乐播放界面设计"绘制完成，按【Ctrl+S】组合键将文件保存在指定文件夹。

7.3 【任务16】APP引导页设计

当第一次打开一款APP时经常会看到设计精美的引导页。在APP页面中，引导页是指用户使用APP产品时，能提前告知用户产品功能、特点与热门资讯的页面。在APP设计中，一个精美的引导页能够极大地提高用户体验。

7.3.1 任务描述

本任务是依据某手机界面的分辨率设计一个音乐播放的引导界面，要求引导页能够传递音乐下载、好友K歌、消息发送、音乐收藏等APP功能，界面设计简洁新颖，能够直接有效地传递信息。APP引导页的最终设计效果如图7-28所示。通过本任务的学习，读者可以掌握引导页的设计技巧。

图7-28　APP引导页设计效果

7.3.2　思路剖析

1. 设计尺寸和风格

本任务同样采用750×1 334像素的界面尺寸以及手机扁平化的设计风格进行设计。

2. 界面背景

可以采用毛玻璃效果的图片作为界面的背景。同时可以将界面背景的色调设置为紫色，突出音乐的优雅和神秘，如图7-29所示。

图7-29　设置紫色背景

3. 主题元素

引导页的主题元素往往起到告知用户产品功能、特点的作用。因此，在设计时可以添加手机音乐界面展示，告诉用户APP产品的功能。并通过4个小图标依次展示音乐下载、好友K歌、消息发送、音乐收藏等4个特点，如图7-30所示。

图7-30　特色图标

7.3.3　任务实现

1. 制作背景

Step 01 打开Photoshop CC软件，按【Ctrl+N】组合键，在"新建"对话框中设置"名称"为"APP引导页设计"，"宽度"为750像素，"高度"为1 334像素，"分辨率"为72像素/英寸，"颜色模式"为RGB颜色，"背景内容"为紫色（RGB：85、33、130），单击"确定"按钮，完成画布的新建。

Step 02 打开素材"风景.jpg"，如图7-31所示。拖动到画布的中心位置，得到"图层1"。

Step 03 为"图层1"添加智能滤镜，并添加高斯模糊滤镜效果，设置模糊半径为10像素。调整"图层1"的不透明度为20%（见图7-32）得到毛玻璃背景效果。

图7-31　风景素材　　　　　　　　　　　图7-32　高斯模糊效果

2．制作主题元素

Step 01 运用形状工具绘制手机的外形和按钮，如图7-33所示。

Step 02 运用"矩形工具" ▢ ，绘制一个宽度为245像素，高度为438像素大小的矩形作为手机屏幕，如图7-34所示。

Step 03 打开素材"音乐.jpg"，如图7-35所示。将素材拖动到"APP引导页设计"画布中，调整大小至图7-36所示样式。

图7-33　绘制手机外形　　　　图7-34　绘制矩形　　　　图7-35　音乐素材

Step 04 为手机图形添加镜面效果，如图7-37所示。

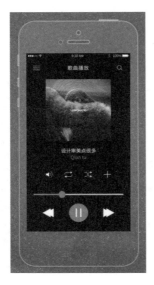

图7-36　调整素材

图7-37　镜面效果

Step 05 运用"椭圆工具"制作4个正圆，由左至右分别填充橘红色（RGB：255、91、91）、紫红色（RGB：215、93、250）、暗红色（RGB：212、126、106）、蓝色（RGB：106、151、212），大小和位置如图7-38所示。

Step 06 运用形状工具和钢笔工具绘制音乐下载、好友K歌、消息发送、音乐收藏4个图标，具体形状样式如图7-39所示。

图7-38　绘制正圆形

图7-39　绘制图标

Step 07 选择"横排文字工具"，输入文字内容"爱就大声唱出来！"在"字符"面板中设置文字属性，如图7-40所示，效果如图7-41所示。

图7-40　设置文字属性

图7-41　输入横排文字

Step 08 运用"椭圆工具" ⬭ 绘制如图7-42所示的正圆形。

图7-42　绘制正圆形

Step 09 至此"APP引导页设计"完成，按【Ctrl+S】组合键将文件保存在指定文件夹。

基础操练

一、判断题

1. 智能蒙版操作原理与图层蒙版完全相同，即使用白色来隐藏图像，黑色来显示图像，而灰色则产生一种半透明效果。　　　　　　　　　　　　　　　　　　　　　　（　　　）

2. 阴影效果是在图片的对立面制作一个和图片本身对称的半透明影像。　　　　（　　　）

3. 毛玻璃效果是指将背景进行模糊处理，从而和前面的内容形成对比反差的一种效果。

（　　）

4. 使用"文字工具"创建文本有创建点文本和段落文本两种基本操作。　　（　　）

5. 当对一个图层应用了多个智能滤镜后，通过在智能滤镜列表中上下拖动滤镜，可以重新排列它们的顺序。　　（　　）

二、选择题

1. 下列选项中属于APP界面设计中图像处理效果的是（　　）。

    A. 倒影效果　　　　　B. 折角效果　　　　　C. 边框效果　　　　D. 毛玻璃效果

2. 下列滤镜效果属于模糊滤镜组的是（　　）。

    A. 高斯模糊　　　　　B. 动感模糊　　　　　C. 径向模糊　　　　D. 浮雕效果

3. 下列选项中，关于"不透明度"的描述正确的是（　　）。

    A. 不透明度的设置范围为0%~100%　　　B. 不透明度的设置范围为10%~100%

    C. 不透明度的设置范围为0%~50%　　　D. 不透明度的设置范围为50%~100%

4. 使用"钢笔工具"绘制直线路径时，按住【Shift】键不放，可绘制（　　）。

    A. 水平线段　　　　　　　　　　　　B. 垂直线段

    C. 45度倍数的斜线段　　　　　　　　D. 曲线

5. 下列选项中，关于智能蒙版的描述正确的是（　　）。

    A. 智能滤镜中包含1个智能蒙版

    B. 智能滤镜中包含2个智能蒙版

    C. 智能滤镜中包含3个智能蒙版

    D. 智能蒙版的个数按应用滤镜的个数来定

第 8 章

优选网APP项目设计

学习目标	☑ 掌握产品定位方法，能够在项目设计开发前对产品做到准确定位。 ☑ 掌握原型图的设计方法，能够依据原型图设计出统一风格的APP界面。

在前面章节中已经详细讲解了APP的元素构成，以及页面中不同模块的设计规范和设计技巧，相信大家对APP设计已经有所了解。为了对前面所学的知识点加以巩固，本章以"优选网APP项目设计"为例，详细讲解一套完整的APP项目设计中应该掌握的设计方法和相关技巧。

8.1 产品定位及优势

在开始进行APP项目设计之前，首先需要对产品的定位和优势进行分析。优选网APP项目的产品定位和优势如下：

1. 产品定位

产品定位是指企业用什么样的产品来满足目标消费者或目标消费市场的需求。目前，优选网在线销售涵盖食品、饮料、酒水、生鲜、进口食品、进口牛奶、美容化妆、个人护理、服饰鞋靴、厨卫清洁、母婴用品、手机数码、家居家纺、家用电器、保健用品、箱包珠宝、运动用品及礼品卡等超过800万种商品，因此可将其定位为电商购物类APP。

2. 产品优势

相比其他电商购物类网站，优选网的优势主要体现在以下几点：

（1）一站式体验

优选网为每一位顾客提供"满足家庭所需"的一站式网购体验。顾客不出家门、不出国门，即能享受到来自全国及世界各地的商品和服务，省力、省钱、省时间。

（2）高服务高质量

优选网以"诚信"为本，在供应商筛选、商品质量管理、商品入库、入驻商家引进及日常运营监管等环节上，由专业人员严格把关，保障商品和服务的高质量，并严格遵照国家有关"三包"的法律法规，让顾客放心购买。

（3）价格优惠

与传统零售相比，优选网有3%~5%的成本优势，同时，通过创建高效优化的供应链，节省采购、仓储、配送、售后服务等各个环节的成本并回馈给顾客，并通过科学的价格管理，保证优选网的价格优惠。

（4）配送快捷

优选网已在北京、上海、广州、武汉、成都、泉州建立了运营中心，并在国内40多个城市建立了自配送物流体系。送货上门，并提供准时达、准点达等服务，以满足顾客快速收货的需求。

（5）高用户需求

目前优选网已拥有近9 000万的注册用户，优选网的网站流量已达到了每天近2 000万人次。

（6）扫描搜索快捷方便

该APP与传统购物类APP相比，增添了一项新功能，在不知道产品名称的情况下，直接开启扫描功能即可搜索到相关产品，省时又省力。

8.2 绘制草图和原型图

在明确产品的定位和优势后，接下来需结合产品定位对优选网APP的元素构成做深入分析，一般会通过绘制草图来辅助分析，然后再依据草图来绘制原型图（本项目依据某手机的界面分辨率进行设计）。

1. 绘制草图

图片可以表示很复杂的概念，并容纳大量信息，并以一种大家容易看、容易理解的方式呈现。在APP开发过程中，可将设计想法通过绘制草图来展现，这样有利于合作伙伴更好地理解我们的想法，并能在细节上给出一些反馈，共同探讨可能遇到的问题和解决方案。草图不需要看上去很漂亮，只需要表达出想法就可以，绘制成如图8-1所示的效果即可。

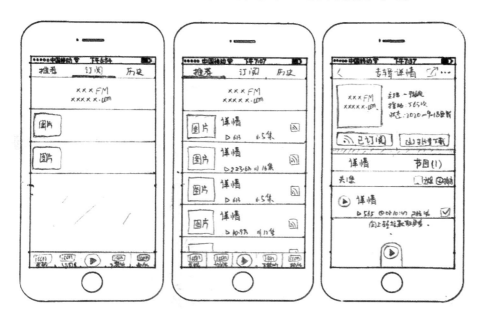

图8-1　草图效果

2. 绘制原型图

针对电商购物类APP的特性和绘制草图过程中确定的设计方案，可将页面大致划分为首页、搜索页、商品分类页、商品详情页、登录页、购物车页、订单结算页和用户中心页等。实际工作中用到的原型图设计工具主要有Mockplus、墨刀和Axure，读者可根据工作需求自行掌握，这里不做具体讲解。

（1）首页

电商购物类APP的首页主要以商品分类及促销为主，通常是由状态栏、导航栏、内容区、标签栏构成。

① 状态栏：为系统默认，只需预留出高度即可。

② 导航栏：包含"扫一扫"按钮、搜索框、"消息"按钮三部分。

③ 内容区：从上到下可依次包含焦点广告区（包含5~8个Banner焦点图）、热门分类区（包含母婴品、超市购、秒杀拍、易充值四部分）、商品分类区（包含秒杀、女装、运动、箱包配饰、母婴玩具等）。

④ 标签栏：主要分为首页、搜索、分类、购物车、我的五部分，选择标签式导航设计较为合适，选中状态的导航图标和文字与未选中状态需要加以区分。

首页原型图设计效果如图8-2所示。

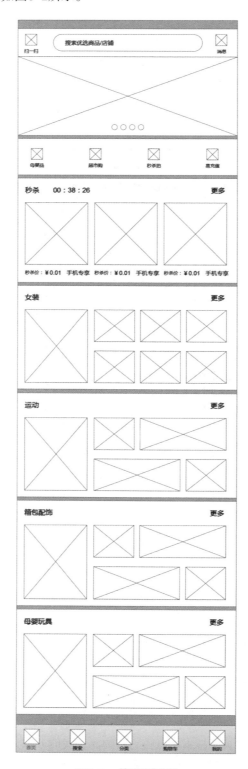

图8-2 首页原型图

（2）搜索页

搜索功能是每个APP都会用到的基本功能，移动端的搜索往往会跳转至单独的搜索页面，根据时间顺序可以分为3个阶段：搜索前、搜索输入中、搜索完成后。这里以搜索前和搜索完成后的页面为例进行分析。

① 搜索前：搜索前的搜索页面是APP的默认搜索页面，状态栏、导航栏和标签栏的设计效果和首页相同（标签栏选中状态的导航图标和文字切换为"搜索"模块）。为了强调搜索功能，可设计2个搜索入口，这里的导航栏和标签栏均设计了搜索入口。搜索页的内容区一般会展示用户的历史搜索记录及清空历史记录按钮，同时也可适当添加一些热门搜索项和广告等。搜索前页面的原型图设计效果如图8-3所示。

图8-3　搜索前页面原型图

② 搜索完成后：搜索完成后的页面称为搜索结果页，通常包含状态栏、导航栏和内容区，其中导航栏一般包含返回按钮、搜索输入框（输入框中的内容一般为搜索的关键字和删除搜索框内容的删除按钮），有的APP设计中还包含消息按钮等，根据设计场景的不同可自行选择添加。内容区的上方通常会设置一个筛选栏，方便用户对搜索到的商品进行筛选，筛选栏下方即为搜索到的商品列表（包含商品图片和简要的信息描述），优选网的搜索结果页原型图如图8-4所示。

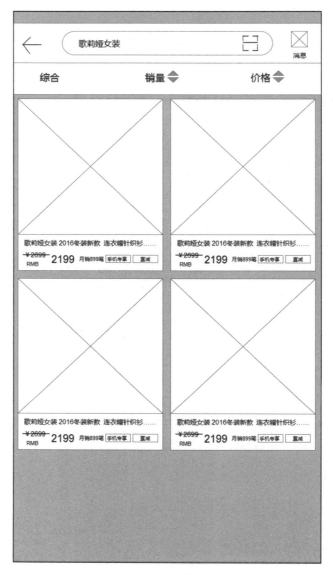

图8-4　搜索结果页原型图

（3）商品分类页

电商购物类APP所销售的商品种类繁多，为了方便用户选购，通常设置分类页将商品分类展示，在节省用户选购时间的同时，又增强了用户体验效果。页面中的状态栏、导航栏和标签栏延续首页的设计效果（标签栏选中状态的导航图标和文字切换为"分类"模块），内容区通常会划分为左右两部分。

①左侧：通常会设置一个侧边栏，用于展示商品分类列表。

②右侧：对应左侧的列表项对商品进行展示或对商品分类做进一步划分。

例如，左侧选择潮流女装类，右侧内容可划分为羽绒服、毛呢大衣、针织裙、卫衣、牛仔裤等。根据设计需求右侧可选择添加Banner广告图。商品分类页原型图如图8-5所示。

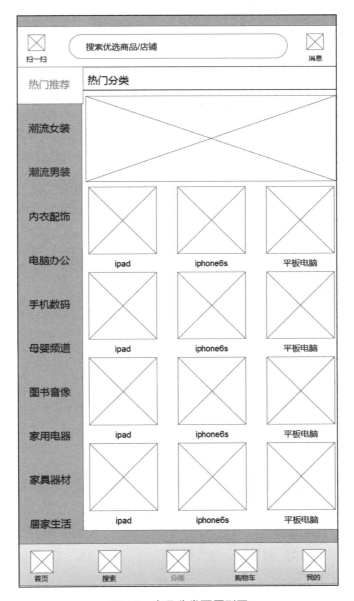

图8-5 商品分类页原型图

（4）商品详情页

商品详情页主要用于展现商品的详细信息，是购买商品过程中最重要的一环，尤其是对电商类产品十分重要。页面仍由状态栏、导航栏、内容区和购物车模块组成，状态栏和导航栏的背景颜色可以与首页相同，也可以内容区的商品图片为背景。

① 状态栏：为系统默认，只需预留出高度即可。

② 导航栏：一般包含"返回"按钮和"更多"按钮，其中"更多"按钮用于协助用户进行一些辅助操作。

③ 内容区：从上到下依次包含商品图（1~5张）、商品材质、价格、配送方式、服务保障和尺码颜色等。

④ 购物车模块：通常包含"收藏""购物车""联系卖家""加入购物车""立即支付"等按钮，根据设计需求可选择添加。为了引导用户点击，"加入购物车"和"立即购买"按钮会设计得较为突出。

商品详情页原型图如图8-6所示。

图8-6　商品详情页原型图

（5）登录页

在浏览APP过程中，当需要获取个人信息才能进行下一步功能操作时，需要用户先通过登录页登录该APP。登录页面一般包含状态栏、导航栏和内容区。

① 状态栏：为系统默认，只需预留出高度即可。

② 导航栏：一般包含"取消"按钮、页面标题和"注册"按钮。

③ 内容区：从上到下依次包含用户名、密码、"登录"按钮、忘记密码、第三方登录入口、广告语等内容。

商品登录页原型图如图8-7所示。

图8-7 登录页原型图

（6）购物车页

购物车页面主要用于展示准备要购买的商品，不需要的可以删除，也可选择部分商品购买，通过用户的购买情况会在页面中计算出选中商品的总价格，以及购买商品的种类，方便用户查看。购物车页面通常由状态栏、导航栏、内容区和标签栏构成。

① 状态栏：为系统默认，只需预留出高度即可。

② 导航栏：一般包含页面标题和"编辑"按钮。"编辑"按钮主要用于删除购物车中的产品（也可通过向左滑动商品列表进行删除）或修改产品的购买数量。

③ 内容区：一般分为两部分，先是分块展示商品信息，主要包含店铺名称、商品图片、商品名称、商品价格和购买数量，有时还包含"编辑"按钮，用于修改商品的型号、颜色、尺寸

等。然后，通过用户的购买情况在下方显示商品的总价格和购买商品的件数。

④标签栏：与首页设计效果相同（选中状态的导航图标和文字切换为"购物车"模块）。

购物车页原型图如图8-8所示。

图8-8　购物车页原型图

（7）订单结算页

订单结算页是为了方便用户对购买商品的信息进行确认，若有不符及时返回修改。订单结算页面通常由状态栏、导航栏、内容区构成。

①状态栏：为系统默认，只需预留出高度即可。

②导航栏：包含"返回"按钮和页面标题。

③内容区：主要包括收货人信息、所购商品的部分信息和配送方式信息、商品的总价格、商品的件数以及提交订单按钮（件数也可体现在提交订单按钮上）。

订单结算页原型图如图8-9所示。

图8-9 订单结算页原型图

（8）用户中心页

针对电商类APP，用户中心页的主要用途是方便用户对收藏、订单等信息的查询或为信息查询提供相关入口。用户中心页面通常由状态栏、导航栏、内容区和标签栏构成。

①状态栏：为系统默认，只需预留出高度即可。

②导航栏：通常包含"消息"按钮和"设置"按钮。

③内容区：从上至下主要包括用户头像和用户名、收藏信息、我的订单、我的钱包等，还可提供一些快捷方式入口。

④标签栏：与首页设计效果相同（选中状态的导航图标和文字切换为"我的"模块）。

用户中心页原型图如图8-10所示。

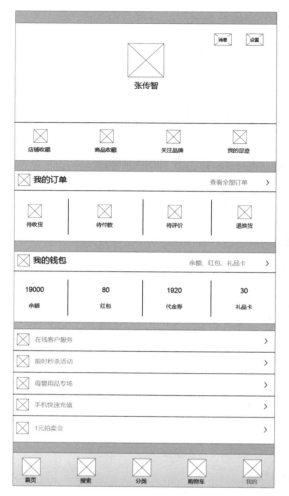

图8-10 用户中心页原型图

8.3 项目设计定位

在进行界面设计时首先进行设计定位，统一风格的组件能赋予界面独特文化内涵和特点，让界面交互更友好，具有与众不同的艺术风格。下面将从设计风格、颜色定位和字体运用三方面做具体分析

1. 设计风格

本项目整体采用扁平化的设计风格，削弱了图形的复杂程度和相应效果的运用，将各部分组件以最简单和直接的方式呈现出来，减少认知障碍。

2. 颜色定位

在APP界面设计中颜色可以给予用户最直观的视觉冲击，运用不同的颜色搭配，可以产生各种各样的视觉效果，带给用户不同的视觉体会，因此颜色至关重要。当 APP 的设计风格确定后，就要确定其主色调和搭配颜色。

　　本项目是针对电商类 APP 进行设计，因此主色调的选取会偏向于引用容易引起用户注意，使用户兴奋、冲动的红色，但是由于纯红色往往会给用户造成视觉疲劳，因此可以选用绯红色（在制作中统称为红色，RGB：251、34、85）作为主体色，运用黑、白、灰等易搭配色彩作为辅色，图 8-11 列举了部分模块的颜色和相应的十六进制颜色值，具体如下。

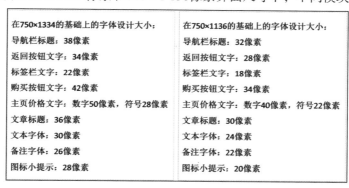

#760a45-#fb2255	导航主体颜色
#7171717	标签栏背景颜色
#f62154	主体色
#7a7a7a	标签栏按钮默认色
#d91141	按钮按下颜色

图 8-11　颜色规范

3. 字体运用

　　在 APP 界面设计中，文字是基本组成部分之一。通常在一套 APP 界面中，其常用文字（主要指内容文字等字数较多的文字）大小基本控制在 20~34 像素之间。图 8-12 所示为在 750×1 334 像素和 640×1 136 像素界面尺寸下，不同模块的文字大小。

在750×1334的基础上的字体设计大小：	在750×1136的基础上的字体设计大小：
导航栏标题：38像素	导航栏标题：32像素
返回按钮文字：34像素	返回按钮文字：28像素
标签栏文字：22像素	标签栏文字：18像素
购买按钮文字：42像素	购买按钮文字：34像素
主页价格文字：数字50像素，符号28像素	主页价格文字：数字40像素，符号22像素
文章标题：36像素	文章标题：30像素
文本字体：30像素	文本字体：24像素
备注字体：26像素	备注字体：22像素
图标小提示：28像素	图标小提示：20像素

图 8-12　不同模块的文字大小

　　观察图 8-12 容易看出，在 APP 界面中字体大小一般用偶数，并且根据模块的重要程度以偶数的方式递增或递减。例如，在 750×1 334 像素界面中导航标题用 38 像素的文字，返回按钮文字则是 34 像素。

8.4　项目设计剖析

8.4.1　启动图标

　　启动图标是 APP 的重要组成部分和主要入口，是一种出现在移动设备屏幕上的图像符号。通常，图像符号给人的第一感觉非常直观，能够大大节省人们的思考时间。因此，设计者通常从图像符号入手进行设计。优选网启动图标的最终设计效果如图 8-13 所示。

图 8-13　启动图标

1．图标尺寸及背景

本项目是针对某手机的界面分辨率进行设计，图标尺寸大小应设计为1 024×1 024像素，圆角尺寸为180像素。背景采用填充红色（RGB：251、34、85）到深红色（RGB：118、10、69）的线性渐变。

2．图标元素

电商类APP的图标元素通常也可为该产品的图像Logo，根据设计需求图像Logo中可暗含该产品的文字Logo内容，为了增强视觉美感可适当添加长投影效果。

① 形状：采用星形，填充黄色（RGB：251、213、3）到浅黄色（RGB：250、218、42）再到乳白色（RGB：255、253、240）的线性渐变，滑块位置参考图8-14所示位置。

图8-14　渐变滑块位置

② 文字：采用客户提供的素材文件"客户logo矢量.ai"中的英文简写部分，复制到Photoshop画布中，粘贴方式选择"形状图层"，方便设计过程中执行布尔运算。

③ 长投影：填充黑色到黑色透明的线性渐变，并适当降低透明度。

8.4.2　加载页

由于加载页通常为打开APP应用的第一个界面，因此一般选用能够给用户留下深刻印象的图像Logo、文字Logo和标语性文字作为加载页的内容。加载页的最终设计效果如图8-15所示。

1．页面尺寸及背景

由于某手机的界面分辨率为750×1 334像素，因此所有界面的设计尺寸均为750×1 334像素，设计APP页面时，页边距一般为26~30像素（除去状态栏内容以外的所有其他模块内容都应在页边距以内设计）。加载页的背景采用红色（RGB：251、34、85）到深红色（RGB：118、10、69）的线性渐变。

2．页面元素

页面元素中的图像Logo即为启动图标中的图像Logo，不需重复制作，

图8-15　加载页

只需调整大小到合适位置即可，文字Logo采用客户提供的素材文件"客户logo矢量.ai"中的中文简写部分。标语性文字内容为"开心购物每一天"，字体大小36像素，字体为"文鼎谁的字体"。

3．布局方式

由于人们的浏览习惯一般为从上至下，因此页面元素采用竖直罗列的排列方式，更有利于用户体验。根据加载页的特性（加载时间通常为2 000~3 000 ms），元素的排列顺序依据重要程度进行划分，图形Logo所要传达的信息最直观，位于最上端，然后依次为文字Logo和标语。

8.4.3　引导页

引导页的作用是方便用户了解产品的主要功能和特点，在用户首次打开APP时能够快速地

对产品做到初步定位。为了着重体现该APP的功能优势，可选用功能介绍类的设计方法，将各个功能抽象为图形加文字体现在页面上。引导页的最终设计效果如图8-16所示。

图8-16　引导页

1. 页面数目及背景

在APP设计中，引导页的数目一般控制在5页以内，本项目计划设计3页。由于该项目是针对电商类APP进行设计，因此引导页的背景色可选用饱和度较高的颜色。3个页面的背景色分别为绿色（RGB：172、251、69）到深绿色（RGB：6、144、78）、橘黄色（RGB：250、189、25）到橘红色（RGB：243、14、14）、天蓝色（RGB：25、243、240）到蓝色（RGB：15、52、240）的线性渐变。

2. 页面元素

页面元素主要包括文字和图片，从客户提供的文案素材入手，选用相对应的图案添加到页面中，并将该APP所具有的功能优势演化为小图标分布到各个页面。通常在页面最下方还会添加界面指示器（也可称为轮播点）作为图片的显示顺序，在最后一个页面中则替换为按钮，点击即可进入该APP的首页。

3. 布局方式

布局方式同样采用从上至下的排列顺序，上方放置图片内容，下方为文字内容及轮播点和按钮。

① 图片内容：可设计为行星环绕的排列方式，中间放置与文字所对应的大图，为了让大图更醒目，可添加背景色块作为衬托，结合引导页的各个背景色综合考虑选用黄色（RGB：254、247、61）较为合适，形状为圆形，其他的功能小图标则环绕在大图周围。

② 文字内容：字体大小没有具体要求，调整到合适大小即可，颜色可采用黄色（RGB：254、247、61）和白色，字体"微软雅黑"。

③ 界面指示器和按钮：界面指示器的圆点不应太大，表现方式分为显示和隐藏，可通过调整不透明度作为区分。按钮的高度一般为80像素左右，宽度没有具体要求，文字大小30~32像素，字体"苹方 中等"，颜色与该页面的主色调相同即可，界面指示器和按钮的背景色采用白色。

8.4.4　首页

首页是整个APP设计中最重要的页面，是内容部分的第一个页面。以首页原型图的布局方

式为基础，首页的最终设计效果如图8-17所示，现针对首页效果图中每一模块的设计规范与制作方法进行具体讲解。

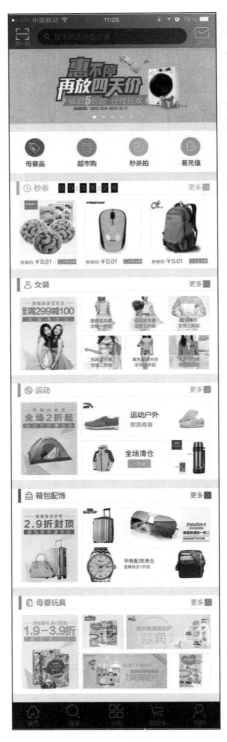

图8-17　首页

1．状态栏

状态栏的尺寸为750×40像素，背景色为红色（RGB：251、34、85）到深红色（RGB：118、10、69）的线性渐变，内容部分通过引入素材即可，无须自己绘制。打开素材文件"状态栏.psd"效果，如图8-18所示。

图8-18　状态栏

此素材有黑色背景，如果要透出渐变背景色，只需执行"滤色"操作即可。状态栏最终效果如图8-19所示。

●○○○○ 中国移动 📶　　　　11:25　　　　　📧 ✈ ⏰ 78% ▭

图8-19　状态栏效果

2．导航栏

导航栏原型图与设计效果图对比如图8-20所示。

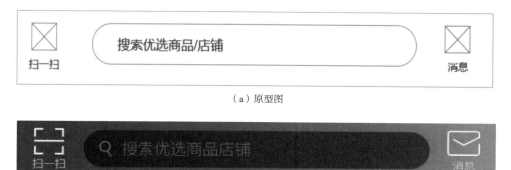

（a）原型图

（b）设计效果图

图8-20　原型图与设计效果对比

导航栏的尺寸为750×88像素，背景色为红色（RGB：251、34、85）到深红色（RGB：118、10、69）的线性渐变。

（1）搜索框

搜索框的高度为60像素，宽度不做具体要求，添加半透明的黑色背景，搜索框内的图标和文字选用白色，可适当调整不透明度，文字大小为26像素。搜索图标大小绘制为24×24像素。

（2）导航栏图标及文字

左右两侧导航栏图标的大小应绘制为44×44像素，文字大小为18像素，颜色均为白色。

3．内容区

内容区原型图与设计效果图对比及模块划分如图8-21所示。内容区设置为浅灰色背景（RGB：238、238、238），模块间的间距一般为20~40像素之间（如果进行细分，大模块之前的间距为30~40像素之间，小模块之间的距离为20~30像素之间），本页面属于大模块划分，因此采用30像素的间距。

（a）原型图	（b）设计效果图

图8-21　原型图与设计效果图对比

（1）Banner模块

Banner模块在页面中通栏显示，因此宽度应为750像素，高度建议设置在250~300像素之间。Banner素材图片如图8-22所示，将其添加到当前画布中，并通过添加图层蒙版来统一显示尺寸。

Banner1.jpg	Banner2.jpg	Banner3.jpg	Banner4.jpg	Banner5.jpg

图8-22　Banner素材

Banner模块中的轮播点大小和间距没有具体的尺寸规范，但需设置两种样式分别表示所对应Banner图的显示和隐藏状态。本项目中的轮播点白色表示显示状态，白色半透明表示隐藏状态。

（2）分类模块

根据页面需求将分类模块的宽度设置为750像素，高度设置为160像素，背景为白色。为了突出分类模块，可在模块内上下边缘处分别添加一条高度为1像素的分隔线，颜色为（RGB：229、229、229）。通过建立参考线将分类模块水平方向划分为4部分，每一部分内添加对应的分类图标和文字内容。

① 分类图标：分类图标大小没有具体规范，这里统一将其设置为70×70像素。将如图8-23所对应的图标素材，添加到当前画布中。

分类图标1.png　　分类图标2.png　　分类图标3.png　　分类图标4.png

图8-23　分类图标素材

② 文字：根据页面美观度将文字大小设置为24像素，字体选用"苹方 中等"，颜色为（RGB：51、51、51）。

（3）秒杀模块

秒杀模块的宽度设置为750像素，高度为334像素，背景为白色，同样在模块内上下边缘处分别添加一条高度为1像素的分隔线，颜色为（RGB：229、229、229）。

① 标题：标题部分的高为50像素，下方添加分隔线与秒杀模块的内容区分开。标题前方可通过绘制色块和图标增强视觉效果。标题部分的结构划分如图8-24所示。对应的参数设置如表8-1所示。

图8-24　结构划分

表8-1　标题部分参数设置

标　号	名　称	参　数
①	色块	大小10×50像素，黄色（RGB：247、200、14）
②	图标	大小绘制为28×28像素，黄色（RGB：247、200、14）
③	秒杀文字	大小28像素，字体样式"苹方 中等"
④	秒杀时间	背景深灰色（RGB：16、16、16），字体大小26像素，字体"苹方 常规"，字体颜色为白色
⑤	更多按钮	字体大小24像素，字体"苹方 常规"，图标大小为26×26像素，圆角半径为2像素，文字及图标背景黄色（RGB：247、200、14），白色箭头大小10×18像素

② 秒杀内容：将秒杀模块的内容部分沿水平方向分为三部分，每一部分添加一种商品的

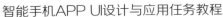
秒杀信息，包含图片、秒杀价和手机专享三部分。将如图8-25所示的图片素材添加到当前画布中，通过创建蒙版统一尺寸（大小为204×204像素），并添加描边效果。"秒杀价："文字大小为16像素，"￥0.01"文字大小为22像素，字体均为"苹方 中等"，颜色为红色（RGB：246、33、84）。最后将如图8-26所示的"手机专享"图片素材添加到当前画布中。

秒杀1.jpg

秒杀2.jpg

秒杀3.jpg

手机专享

图8-25　秒杀素材

图8-26　"手机专享"素材

内容区的其他模块与秒杀模块的绘制方法基本相同，可根据设计美感自行设置图片大小与排列方式。

4. 标签栏

标签栏原型图与设计效果图对比如图8-27所示。

（a）原型图

（b）设计效果图

图8-27　原型图与设计效果图对比

标签栏的尺寸为750×98像素，背景色为深灰色（RGB：23、23、23）。将标签栏沿水平方向划分为5部分，每一部分包含导航图标和导航文字。图标与文字间的距离没有具体要求，调整到合适位置即可。

（1）导航图标

导航图标的大小应绘制为50×50像素，选中状态为红色（RGB：246、33、84），未选中状态为灰色（RGB：122、122、122）。

（2）导航文字

文字大小为22像素，字体为"苹方 常规"。选中状态为红色（RGB：246、33、84），未选中状态为灰色（RGB：122、122、122）。

8.4.5　搜索页

点击APP中的搜索功能入口，即可跳转到搜索页面。在设计搜索页时，其中状态栏、导航栏、标签栏与首页基本相同，只需更改标签栏中导航的选中状态即可，这里不再做具体讲解。搜索页的最终设计效果如图8-28所示。

图8-28　搜索页

内容区原型图与设计效果图对比及模块划分如图8-29所示。

（a）原型图

（b）设计效果图

图8-29　原型图与设计效果图对比

内容区的宽度为750像素，背景色为浅灰色（RGB：238、238、238）。主要包含标题、最近搜索项和清空历史记录按钮三部分。

1.　标题

标题图标的大小可绘制为28×28像素，文字大小为26像素，字体为"苹方 中等"。图标和文字颜色均为深灰色（RGB：102、102、102）。

2. 最近搜索项

最近搜索项中每一项按钮的大小为144×52像素，背景色为白色，并添加有1像素的灰色（RGB：204、204、204）描边，文字大小为28像素，字体为"苹方 中等"，颜色为深灰色（RGB：51、51、51）。各项之间的距离尺寸没有具体规范，结合视觉美观度做适当调整即可。

3. 清空历史记录按钮

该按钮的尺寸为245×52像素，背景色为灰色（RGB：223、223、223），同样添加有1像素的灰色（RGB：204、204、204）描边。该按钮中的图标大小可绘制为26×26像素，文字大小和字体样式与搜索项中的相同，图标和文字颜色均为深灰色（RGB：102、102、102）。

8.4.6 搜索结果页

在搜索框中输入关键字进行搜索，APP会跳转到搜索结果页面。搜索结果页面通常用于排列搜索到的商品。在设计搜索页时，其状态栏、导航栏与首页基本相同，只需将"扫一扫"部分换成"返回按钮"，并在搜索框中输入相应的关键字即可，这里不做具体讲解。搜索页的最终设计效果如图8-30所示。

图8-30　搜索结果页

在图8-30所示的搜索结果页面中主要包含了筛选栏和商品展示两部分，具体介绍如下：

1. 筛选栏

筛选栏主要用于筛选搜索到的商品，其宽度和高度没有具体要求。这里设置宽度和屏幕等宽，高度设置为90像素，背景设置为白色。筛选栏的文字大小通常在28~34像素之间，这里设置大小为28像素。同时，将文字的颜色设置为深灰色（RGB：51、51、51），效果如图8-31所示。

图8-31　筛选栏

2.　商品展示

商品展示部分指的是对包含所搜关键词商品的展现和陈列，由于手机界面较小，因此一排中展示的商品一般不超过3个，以便将商品清晰地呈现给消费者。商品展示部分的原型图和效果图对比如图8-32所示。

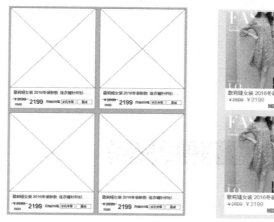

（a）原型图　　　　　　　　　（b）效果图

图8-32　商品展示原型图和效果图对比

对图8-32中标示的各部分参数，可参照表8-2中的规范进行设计。

表8-2　商品展示部分参数表

标　号	名　称	参　数
①	商品图片	大小326×342像素
②	文字	商品名称：字体大小22像素，字体为"苹方 常规"，颜色深灰色（RGB：51、51、51）
		原价：指的页面中画横线的价格部分，字体大小22像素，字体为"苹方 常规"，颜色浅灰色（RGB：106、106、106）
		现价：指页面中价格部分，字体大小24像素，字体为"苹方 常规"，颜色红色（RGB：246、33、84）
		销量：字体大小20像素，字体为"苹方 常规"，颜色浅灰色（RGB：106、106、106）。其中数字部分要用红色（RGB：246、33、84）着重显示
③	底部按钮	较小按钮图标可以运用图片代替，本任务用高度为18像素的长条矩形素材，作为跳转图标

8.4.7　商品分类页

点击APP中的商品分类功能入口，即可跳转到分类页面。在设计分类页时，其状态栏、导航栏、标签栏与首页基本相同，只需要更改标签栏中导航的选中状态即可，这里不再做具体讲解。商品分类页的最终设计效果如图8-33所示。

图8-33　商品分类页

内容区原型图与设计效果图对比及模块划分如图8-34所示。

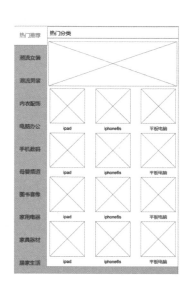

（a）原型图

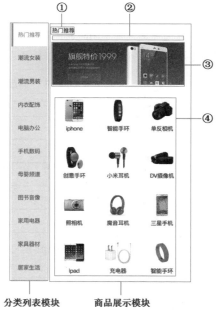

分类列表模块　　　商品展示模块

（b）设计效果图

图8-34　原型图与设计效果图对比

内容区的宽度为750像素，背景色为白色。主要包含分类列表模块和商品展示模块两部分。

1．分类列表模块

该模块的宽度一般为140~150像素之间，本页面采用150像素。背景色为浅灰色（RGB：238、238、238），为了与右侧商品展示模块的区分更明显，通常会在该模块的右侧添加一条宽1像素的分隔线，颜色为灰色（RGB：229、229、229）。列表项分为未选中和选中两种状态。

① 未选中状态：列表项高100像素，为了方便用户点击，每一列表项的下方会包含一条高1像素的分隔线，颜色为灰色（RGB：229、229、229）。文字大小为24像素，字体为"苹方 中等"，颜色为深灰色（RGB：102、102、102）。

② 选中状态：高度和分隔线参数不变，背景改为白色，文字颜色切换为红色（RGB：246、33、84）。为了增强视觉效果，可在列表项前方绘制与文字颜色相同的色块，色块大小为8×99像素。

2．商品展示模块

该模块内容部分与分类列表模块的间距为20像素，结合图8-34所示的结构划分，对应的参数设置如表8-3所示。

表8-3　商品展示模块参数设置

标　号	名　称	参　数
①	标题	字体大小24像素，字体"苹方 中等"，深灰色（RGB：51、51、51）
②	分割线	高1像素，浅灰色（RGB：229、229、229）
③	Banner图	宽度依据页面而定，高度一般在150~200像素之间，本页面尺寸大小552×180像素
④	展示项	划分为四行三列的网格，其中图片大小100×100像素，字体大小24像素，字体"苹方 中等"，深灰色（RGB：51、51、51）

8.4.8　商品详情页

商品详情页是页面中最容易与用户产生交集共鸣的页面，详情页的设计极有可能会对用户的购买行为产生直接的影响。在设计商品详情页时，首先要保证商品的图片要清晰，其次对商品的信息描述要准确。商品详情页的设计效果如图8-35所示。

图8-35所示的商品详情页中由状态栏、内容区和标签栏构成。其中，内容区部分主要包括商品图片、文字以及下方的购物车部分，具体介绍如下：

1．图片部分

在商品详情页中，图片需要尽可能大，因此往往会占据状态栏或其他按钮的空间，在图片部分主要包括状态栏、返回按钮、更多按钮和商品图片。

① 状态栏：需要执行反相和正片叠底命令，使素材能够清晰地呈现。

② 返回按钮和更多按钮：宽度和高度为54像素。

图8-35　商品详情页

③商品图片：宽度为750像素，高度为643像素。

2. 文字部分

文字部分主要包括商品描述、价格、销量、配送地址、服务等，字体大小通常在20~30像素之间，其中重点信息可以通过加深颜色、变粗字体、变大字号进行着重显示。例如，图8-36所示的商品描述、现价、销量和下单时间限定等需要着重显示。

图8-36 着重显示的文字

3. 购物车部分

购物车部分包括收藏图标、购物车图标、"加入购物车"按钮和"立即购买"按钮四部分。

（1）收藏图标和购物车图标

图标宽度和高度均为44像素，可以自行绘制或使用相应的图标素材（详见商品详情页素材文件夹）。其下面的描述文字，字体大小为24点，颜色为浅灰色（RGB：102、102、102），字体为"苹方 中等"。

（2）"加入购物车"按钮

宽度为230像素，高度为88像素，背景颜色为深灰色（RGB：46、46、46），按钮上的文字大小为26像素，字体为"苹方 中等"。

（3）"立即购买"按钮

该按钮尺寸和"加入购物车"按钮相同，但颜色应该和"加入购物车"按钮有差异，通常以冲击力较强的色彩为背景色，这里应用导航主题颜色作为背景色，如图8-37所示。

#760a45-#fb2255 导航主体颜色

图8-37 "立即购买"按钮颜色

8.4.9 登录页

登录页的作用是方便用户输入个人信息登录该APP，通常还会提供注册该APP的入口。在设计登录页时，其状态栏与首页相同，这里不再做具体讲解。登录页的设计效果如图8-38所示。

图8-38　登录页

1．导航栏

导航栏原型图与设计效果图对比如图8-39所示。

（a）原型图

（b）设计效果图

图8-39　原型图与设计效果对比

导航栏的尺寸大小和背景色与首页相同。标题文字大小在34~40像素之间，本页面选用34像素；按钮文字不大于32像素，本页面选用32像素；字体均选用"苹方 中等"，颜色为白色。

2．内容区

内容区原型图与设计效果图对比及模块划分如图8-40所示。

（a）原型图

（b）设计效果图

图8-40　原型图与设计效果图对比

内容区各模块间的距离没有具体要求，根据界面美观度自行调整，结合图8-40所示的结构划分，对应的参数设置如表8-4所示。

表8-4　登录页内容区模块参数设置

标　号	名　称	参　数
①	输入框	大小750×80像素，背景白色，分隔线1像素灰色（RGB：204、204、204），文字大小30~32像素，字体"苹方 细体"，前方图标大小建议绘制28×28像素，后侧按钮图标不应小于44×44像素（根据界面美观度可适当缩小，切图时用空白像素补齐），所有内容均为灰色（RGB：153、153、153）
②	忘记密码	字体大小28~30像素，字体"苹方 常规"，灰色（RGB：102、102、102），添加下画线
③	登录按钮	高度一般为80像素，根据前面定义的按钮不同状态添加相应的颜色背景，文字大小建议为30像素，字体"苹方 中等"
④	第三方标题	字体大小28~30像素，字体"苹方 常规"，灰色（RGB：153、153、153），文字两端可添加两条分隔线
⑤	第三方图标	图标大小70×70像素（查看素材），文字大小24~26像素，字体"苹方 常规"
⑥	广告语	文字大小24~26像素，字体"苹方 常规"，灰色（RGB：153、153、153）

8.4.10　购物车页

在设计购物车时，要着重显示商品的价格、名称、数量，以及编辑修改和结算功能，以方便用户进行修改和操作。同时，在设计过程中要弱化"删除"按钮，隐藏到编辑按钮中。购物车页的最终设计效果如图8-41所示，购物车页主要包括状态栏、导航栏、内容区和标签栏4个部分，其中状态栏、标签栏与首页基本相同，只需更改标签栏中导航的选中状态即可，这里不再做具体讲解。

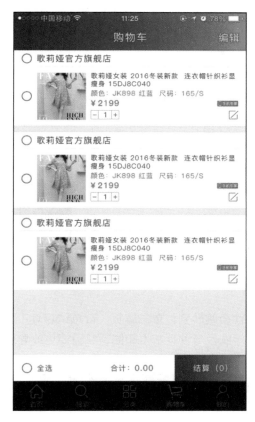

图8-41　购物车页

1．导航栏

导航栏原型图与设计效果图对比如图8-42所示。

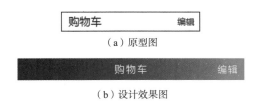

（a）原型图

（b）设计效果图

图8-42　原型图与设计效果对比

通过观察图8-42可知，购物车的导航栏可继续运用红色（RGB：251、34、85）到深红色（RGB：118、10、69）的线性渐变作为背景，但内容变成了页面标题和"编辑"按钮。其中，内容文字的大小为34像素，字体为"苹方 中等"，颜色为白色。

2．内容部分

内容部分主要包括商品信息和结算功能两部分，以便用户快速获取商品信息，进行编辑修改操作。

（1）商品信息

商品信息主要包括店铺名、商品图片、商品名、基本信息、价格和数量等。字体大小通常在22~28像素之间，其中店铺名、颜色、尺码，以及价格需着重显示，如图8-43所示。而页面中的商品数量和编辑按钮没有具体的要求，调整至合适大小即可。

图8-43　商品信息

（2）结算功能

背景尺寸为750×88像素，字体大小通常在22~26像素之间，字体通常用"苹方 中等"。需要注意的是结算按钮需要突出显示，这里可以运用红色（RGB：251、34、85）到深红色（RGB：118、10、69）的线性渐变作为背景颜色，使按钮更加突出，如图8-44所示。

图8-44　结算功能

8.4.11　订单结算页

当点击结算按钮后，界面会跳转到订单结算页。订单结算页主要包括状态栏、导航栏、内容区三部分，其中状态栏、导航栏与首页基本相同，只需要更改导航栏的界面标题并增加"返回"按钮即可。订单结算页的最终效果如图8-45所示。

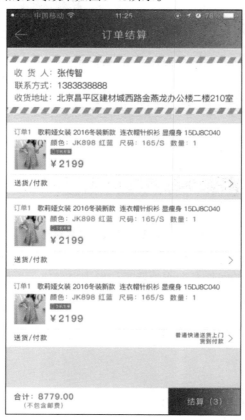

图8-45　订单结算页

在图8-45所示的订单结算页中，内容区部分主要包含地址栏、商品信息以及结算栏三部分。

1．地址栏

地址栏是指显示收货人的姓名、联系方式、地址等基本信息的那一栏。设置宽度为750像素，高度为188像素；文字大小为28像素，字体为"苹方 常规"。其中收货人、联系方式、收货地址需要将颜色减淡，设置为浅灰色（RGB：102、102、102），其余部分文字设置为深灰色（RGB：51、51、51），如图8-46所示。

图8-46　地址栏

2．商品信息

订单结算页的商品信息和购物车页的商品信息类似，可以直接复制使用。删除商品的数量和编辑图标重新进行排版，按照原型图样式进行排版，如图8-47所示。

图8-47　商品信息

3．结算栏

结算栏包含商品的总价格及提交订单按钮。其中，商品价格可以运用红色（RGB：246、33、84）着重显示，如图8-48所示。结算按钮和购物车页面的结算按钮相同，可以直接复制使用。

合计：8779.00
（不包含邮费）

图8-48　商品价格

8.4.12　用户中心页

用户中心页主要用于方便用户查询个人购买信息及商品收藏信息等，最终设计效果如图8-49所示。其中，状态栏、标签栏与首页基本相同，只需要更改标签栏中导航的选中状态即可，这里不再做具体讲解。针对页面的特殊需求可将导航栏及内容区的部分信息相融合进行设计，具体如下：

图8-49　最终设计效果图

1. 渐变色块部分

渐变色块部分原型图与设计效果图对比及模块划分如图8-50所示。

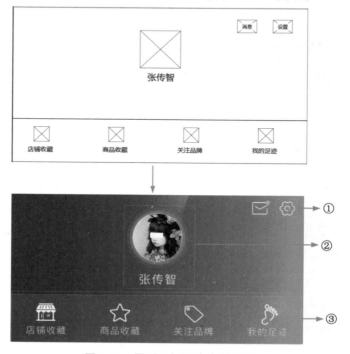

图8-50　原型图与设计效果图对比

渐变色块宽750像素，高度依据内容需求定为390像素，渐变效果与首页导航栏相同，结合图8-50所示的结构划分，对应的参数设置如表8-5所示。

表8-5　渐变色块部分参数设置

标　号	名　　称	参　　数
①	按钮图标	不应小于44×44像素（根据界面美观度可适当缩小，切图时用空白像素补齐），消息按钮中的提示符号没有特殊要求，这里采用黄色（RGB：255、208、21）
②	用户头像和用户名	大小126×126像素，可增加光效背景增强视觉效果，文字大小30~32像素，字体"苹方 中等"
③	收藏信息	高130像素，水平方向平分为四部分，可添加白色半透明色块，设置"叠加"混合模式增强视觉效果，图标大小50×50像素（查看素材），文字大小24~26像素，字体"苹方 常规"，浅灰色（RGB：238、238、238）

2. 文字部分

文字部分原型图与设计效果图对比及模块划分如图8-51所示。

（a）原型图　　　　　　　　　　　　（b）设计效果图

图8-51　原型图与设计效果图对比

该部分的背景色为灰色（RGB：238、236、238），各模块间距为30像素，各模块背景为白色，文字大小通常在20~30像素之间。其中，"我的订单"模块和"我的钱包"模块所对应的图标、文字参数相同。结合图8-51所示的结构划分，对应的参数设置如表8-6所示。

表8-6　文字部分参数设置

标　号	名　称	参　　数
①	标题	图标大小34×34像素（查看素材），文字大小28像素，字体"苹方中等"，深灰色（RGB：51、51、51）
②	文字按钮	字体大小26像素，字体"苹方中等"，灰色（RGB：102、102、102），箭头大小结合界面美观度自行调整
③	图标按钮	图标大小70×70像素（查看素材），文字大小26像素，字体"苹方常规"，深灰色（RGB：51、51、51）
④	快捷选项	图标大小44×44像素（查看素材），文字大小30像素，字体"苹方常规"，深灰色（RGB：51、51、51）

基础操练

一、判断题

1. 在APP开发过程中，可将设计想法通过绘制草图来展现，草图一定要绘制得漂亮。

                           （ ）

2. 搜索功能是每个APP都会用到的基本功能，根据时间顺序可以分为两个阶段：搜索前和搜索完成后。   （ ）

3. 启动图标是APP的重要组成部分和主要入口，是一种出现在移动设备屏幕上的图像符号。   （ ）

4. 按【Ctrl+L】组合键可弹出"字符"面板，用于设置文字属性。   （ ）

5. 在UI设计中，即使通过布尔运算，也不能形成新的路径形状。   （ ）

二、选择题

1. 下列选项中，属于Photoshop CC形状工具组工具的是（ ）。

  A. 矩形工具   B. 圆角矩形工具   C. 椭圆工具   D. 自定形状工具

2. 下列选项中，属于Photoshop CC中渐变类型的是（ ）。

  A. 线性渐变   B. 径向渐变   C. 角度渐变   D. 对称渐变

3. 在"路径操作"的下拉列表中，包含的选项有（ ）。

  A. 新建图层   B. 合并形状   C. 减去顶层形状 D. 与形状区域相交

4. 下列选项中，可迅速为文字图层填充前景色的快捷键是（ ）。

  A. Alt+Delete   B. Alt+Shift   C. Ctrl+Delete D. Alt+Enter

5. 在图层混合模式中，"叠加"是"正片叠底"和（ ）的组合模式。

  A. "前景色"   B. "滤色"   C. "阈值"   D. "风格化"